Spring Boot
趣味实战课

刘水镜 著

电子工业出版社
Publishing House of Electronics Industry
北京·BEIJING

内 容 简 介

本书内容极其丰富，不仅涵盖了 Spring MVC、MyBatis Plus、Spring Data JPA、Spring Security、Quartz 等主流框架，整合了 MySQL、Druid、Redis、RabbitMQ、Elasticsearch 等互联网常用技术与中间件，还涉及单元测试、异常处理、日志、Swagger 等技术细节，以及 AOP、IOC、自动配置、数据库事务、分布式锁等硬核知识。本书从初始化到部署、监控，实现了软件全生命周期一站式打包解决。

本书行文风格深入浅出、通俗易懂、风趣幽默、轻松愉快。从 Hello World 聊到源码分析，从工具使用讲到内部原理，从日常生活说到设计哲学。本着"技术来源于生活，更要回归于生活"的理念，本书通过大量生动、形象的类比将枯燥的技术描绘得"有滋有味"，让你轻松学会这些知识。

未经许可，不得以任何方式复制或抄袭本书之部分或全部内容。
版权所有，侵权必究。

图书在版编目（CIP）数据

Spring Boot 趣味实战课 / 刘水镜著. —北京：电子工业出版社，2022.5
ISBN 978-7-121-43216-3

Ⅰ. ①S… Ⅱ. ①刘… Ⅲ. ①JAVA 语言－程序设计 Ⅳ. ①TP312.8

中国版本图书馆 CIP 数据核字（2022）第 051437 号

责任编辑：林瑞和　　　　　　特约编辑：田学清
印　　刷：中国电影出版社印刷厂
装　　订：中国电影出版社印刷厂
出版发行：电子工业出版社
　　　　　北京市海淀区万寿路 173 信箱　　　邮编：100036
开　　本：720×1000　　1/16　　印张：19.5　　字数：393 千字
版　　次：2022 年 5 月第 1 版
印　　次：2022 年 5 月第 1 次印刷
定　　价：108.00 元

凡所购买电子工业出版社图书有缺损问题，请向购买书店调换。若书店售缺，请与本社发行部联系，联系及邮购电话：（010）88254888，88258888。

质量投诉请发邮件至 zlts@phei.com.cn，盗版侵权举报请发邮件至 dbqq@phei.com.cn。
本书咨询联系方式：（010）51260888-819，faq@phei.com.cn。

推荐

本书内容很全面，囊括了 Spring 生态的常用技术，如 MVC、持久化、Redis、定时任务、消息队列、搜索引擎。本书知识讲解由浅到深，循序渐进，从 Hello World 讲到 Spring 核心原理；技术讲解深入浅出，总能以"接地气"的例子，把抽象的技术讲述得妙趣横生，把技术学习变得像和朋友聊天一样轻松愉快。本书的内容设计由易到难，图文并茂，再加上丰富的实例，可以让初级人员非常轻松地入门。同时，作者对技术独树一帜的理解还可以让中、高级的技术人员受到很多启发。所以，本书堪称"老少皆宜，居家、旅行必备良品"。《Spring Boot 趣味实战课》你值得拥有！

——马士兵教育创始人　马士兵

与市面上其他 Spring 相关的技术书籍不同，本书具有"大道至简"的特点，没有拘泥于技术教程似的训导，而是像讲故事一样，将 Spring Boot 的基础原理和面向实战应用的技巧娓娓道来，行文流畅，让大家在轻松中学习和掌握 Spring Boot 技巧。

——美菜网 CTO 江川

如今，我们处在一个快速变化的年代，软件技术的更迭越来越快。之前，Java 工程师必须掌握的技能是 SSH 框架（Struts+Spring+Hibernate），但是很快就变成了 SSM 框架（Spring MVC+Spring+MyBatis）。虽然这两个框架只有一个字母的差别，含义却完全不同了。接下来，又经历了前/后端分离、微服务、云原生、大数据……作为技术开发人员，我们在这样一个时代的生存技能就是适应变化，即逐步地学习和掌握所有技术，即使不精通某些技术也必须对它们有所了解。然而，在这长长的学习清单中，Spring Boot 无疑是具有承上启下功能的关键技术。

未来的 Java 项目开发必然是基于 Spring Boot 的项目开发。无论是采用前/后端分离、SSM 框架，还是采用基于 Spring Cloud 的微服务转型、云原生开发，我们都必须掌握 Spring Boot。也就是说，掌握 Spring Boot 已然成为所有 Java 工程师进入这个行业的必备技能，大家必须认真学习，学扎实、学牢固。因此，我为大家推荐《Spring Boot 趣味实战课》这本书。

本书用一种更加趣味的形式，将枯燥的技术用故事的形式串联起来，让学习更加轻松、有趣。同时，本书更加注重实战，将 Spring Boot 的学习落实到一个一个的工作场景中。通过对这些场景的学习，我们才能将学习真正应用到未来的工作实践中。然而，如何高效地学习，让学习事半功倍，也是当今技术开发人员必备的技能。那么，如何利用本书进行高效的学习呢？我认为，应当做到以下几个方面。

1．注重实战学习。作者在书中讲解了很多实操案例。在每一章节的学习中，我们都应当按照书中的内容来实际地搭建一个项目。不仅如此，在对书中的内容进行实操演练以后，我们甚至可以自己模拟一个项目来实战一下。这是因为很多知识都需要在实战中学习，而软件开发是一个强调动手能力的技能，千万不能光看书、不动手。

2．学会定位和解决问题。一个技术"大牛"和普通开发人员的差别在哪里呢？不仅在于扎实的软件技术知识，还在于出错以后"踩坑排错"的能力。本书的作者是一个具有丰富经验的开发人员，在书中介绍了很多开发技巧。然而再多的开发技巧都不能把所有可能出现的问题全部覆盖。大家在跟随本书进行学习、实战的过程中，肯定会遇到各种错误。当系统报错时，大家不要慌张，可以仔细查看错误日志，先定位问题位置，再比对前后代码，跟踪调试各种变量，或者直接在网络上搜索相应的错误日志。当你把所有 Spring Boot 开发常见的"坑"都踩过了，并且知道了解决方法，就可以更加从容地应对未来的项目开发，同时你的收获也会更大。

3．能够举一反三地思考问题。不想成为技术"大牛"的开发人员不是好的开发人员！然而，成为技术"大牛"的过程要求我们在不断学习、思考的过程中成长。我们在书中的学习都是正向的学习，作者会在书中告诉我们应当如何做。在学习完这些知识以后，我们不妨反过来思考一下，为什么要这样做？不这样做会怎样呢？比如，书中说我们要逐渐将过去的 J2EE 项目转型成 Spring Boot 项目，那么为什么要转型，这会给我们带来哪些好处呢？既然有这些好处，那么其他地方是否也要做出相应改变呢？实际上，我们需要反复思考与整理才能把知识学得牢固、扎实，技术"大牛"就是这样成长起来的。

最后，我向大家强烈推荐这本书，希望它能给你带来更多的知识与收获。

——畅销书《架构真意》作者　范钢

前言

本书结构

本书从宏观上可以分为 3 部分。

第 1 章～第 3 章是热身，主要包括一些必要的前置知识。

第 4 章～第 8 章是基础实战，包括 Spring Boot 的基本使用及其内部原理。

第 9 章～第 14 章是高级用法，主要介绍 Spring Boot 与其他各种组件的配合使用，以完成更加复杂的功能。

> 本书各章节之间没有严格区分先后关系，读者可以根据自己的兴趣安排阅读顺序。但如果你是初学者，推荐你从前往后阅读。

章节介绍

第 1 章是对 Spring Boot 的宏观介绍，主要介绍了 Spring Boot 的现状，以及其简单易用的特点和"约定优于配置"的设计哲学。

第 2 章是一些准备工作，介绍了 Maven、Intellij IDEA 的常用设置及使用技巧，并推荐了一些好用的插件。

第 3 章通过一个 Hello World 示例引出 Spring Boot 的工程结构，并对 Starters 和 YAML 进行了详细讲解。

第 4 章主要是对 Spring MVC 的讲解，不仅详细阐述了 Spring MVC 的各种用法，还对其原理及源码进行了分析。

第 5 章主要是对 HTTP 和 RESTful 的讲解。每个程序员都应该懂一点 HTTP。另外，本章还对 Swagger 的使用进行了细致讲解。

第 6 章是实战阶段的重头戏，介绍了持久化的相关内容，如 MyBatis、Spring Data JPA、Druid、事务隔离级别及传播特性等。

第 7 章包含 3 方面内容，即单元测试、异常处理和日志。这"三驾马车"可以为你的系统保驾护航，快速定位问题。

第 8 章主要介绍 IOC、AOP、自动配置、启动流程，涵盖了 Spring Boot 的核心内容，涉及大量源码分析。

第 9 章主要介绍 Redis 整合 Spring Boot 的各种实战，以及如何使用 Redis 实现分布式锁。

第 10 章主要讲解 Spring Security 的整合、认证和授权，为系统安全提供保障。

第 11 章分别使用 Spring Task 和 Quartz 作为实例，讲解定时任务的 3 种调度策略。

第 12 章介绍 RabbitMQ，不仅讲解了 RabbitMQ 的 5 种主要工作模式，还讨论了消息队列适用的业务场景。

第 13 章讲解 Elasticsearch 的核心概念及基本用法，并阐述倒排索引的原理。

第 14 章介绍 Spring Boot 的监控组件 Actuator，并演示如何与 Spring Boot Admin 整合使用。

第 15 章分享作者多年来关于技术学习的一些心得。

适用人群

- 想要学习 Java Web 的在校生
- 想要转行到 Java 的从业者
- 想要进一步提升自己的初、中级工程师
- 想要掌握 Spring Boot 核心原理的探索者
- 想要梳理 Spring Boot 知识体系以应对面试的人员

代码获取

本书源码已经被上传到 GitHub，可以通过 GitHub 域名 + /liushuijinger/spring-boot-book 的方式访问，也可以关注公众号"做个开发者"（微信号：Be-A-Developer）并回复"源码"获得。

致谢

衷心感谢林瑞和编辑在本书的写作和编辑过程中，为本书提出了很多非常好的建议。感谢本书出版过程中涉及的所有工作人员，正因为有了你们，本书才能够顺利地来到每一位读者手中。最后，感谢每一位读者，你们的肯定是我不断进步的动力，你们的批评是我成长路上的阶梯。

与作者交流

- 欢迎加入"开发者"技术群一起交流，群号：168965372

- 欢迎关注作者微博：@水镜不酷
- 欢迎关注作者公众号：做个开发者（ID：Be-A-Developer）
- 欢迎通过邮件与作者交流：liushuijinger@163.com

作　者

读 者 服 务

微信扫码回复：43216

- 获取本书配套源码
- 加入本书读者交流群，与作者互动
- 获取【百场业界大咖直播合集】（持续更新），仅需 1 元

目 录

第 1 章　Spring Boot 凭什么成为 JVM
　　　　圈的框架"一哥"　　　　　　1
1.1　用数据说话　　　　　　　　　　1
　　1.1.1　市场份额　　　　　　　　1
　　1.1.2　关注度　　　　　　　　　2
1.2　多方支持　　　　　　　　　　　3
　　1.2.1　官方力推　　　　　　　　3
　　1.2.2　"大厂"背书　　　　　　4
1.3　打铁还需自身硬　　　　　　　　5
　　1.3.1　高颜值　　　　　　　　　5
　　1.3.2　有内涵　　　　　　　　　6
1.4　要点回顾　　　　　　　　　　　7

第 2 章　兵马未动，粮草先行——
　　　　码前准备　　　　　　　　　8
2.1　软件环境　　　　　　　　　　　8
2.2　大管家 Maven　　　　　　　　　9
　　2.2.1　pom 文件　　　　　　　　9
　　2.2.2　常用概念　　　　　　　　11
2.3　打造一件趁手的兵器　　　　　　13
　　2.3.1　设置　　　　　　　　　　13
　　2.3.2　技巧　　　　　　　　　　19
　　2.3.3　插件　　　　　　　　　　25
2.4　要点回顾　　　　　　　　　　　26

第 3 章　牛刀小试——五分钟
　　　　入门 Spring Boot　　　　　27
3.1　万物皆可 Hello World　　　　　27
　　3.1.1　创建一个 Web 工程　　　27
　　3.1.2　完成核心代码　　　　　　30
　　3.1.3　运行并查看效果　　　　　32
3.2　Spring Boot 的工程结构　　　　33
　　3.2.1　结构详解　　　　　　　　34
　　3.2.2　结构分类　　　　　　　　35
3.3　珍爱生命，我用 Starters　　　　35
　　3.3.1　没有 Starters 的日子　　　36
　　3.3.2　有了 Starters 以后　　　　37
　　3.3.3　什么是 Starters　　　　　37
3.4　值得拥有的 YAML　　　　　　　39
　　3.4.1　Properties 与 YAML　　　39
　　3.4.2　YAML 语法　　　　　　　40
3.5　要点回顾　　　　　　　　　　　41

第 4 章　斗转星移，无人能及——
　　　　Spring MVC　　　　　　　42
4.1　Spring MVC 简介　　　　　　　42
4.2　接收参数的各种方式　　　　　　43
　　4.2.1　常用注解　　　　　　　　44
　　4.2.2　准备工作　　　　　　　　45

4.2.3	无注解方式	46	
4.2.4	@RequestParam 方式	46	
4.2.5	@PathVariable 方式	47	
4.2.6	@RequestBody 方式	47	

4.3 参数校验   49
    4.3.1 开启参数校验   49
    4.3.2 查看校验效果   50
    4.3.3 常用的参数校验注解   51

4.4 原理分析   52
    4.4.1 流程分析   52
    4.4.2 深入核心   53

4.5 拦截器   54
    4.5.1 自定义拦截器   55
    4.5.2 拦截器的执行流程   57
    4.5.3 多个拦截器的执行顺序   59

4.6 要点回顾   62

第 5 章 你有 REST Style 吗   63

5.1 你应该懂一点 HTTP   63
    5.1.1 报文   63
    5.1.2 状态码   65
    5.1.3 安全性与幂等性   65
    5.1.4 协议版本   66

5.2 接口代言人 Swagger   67
    5.2.1 整合   67
    5.2.2 效果   69
    5.2.3 常用注解   69
    5.2.4 增强版   70

5.3 解密 REST   71
    5.3.1 REST 定义   71
    5.3.2 RESTful   73
    5.3.3 RESTful 实践   73

5.4 URL 与 URI   76
    5.4.1 关系   76
    5.4.2 区别   77

5.5 要点回顾   77

第 6 章 与持久化有关的那些事儿   78

6.1 发展   78

6.2 派系之争   79

6.3 Spring Data JPA   81
    6.3.1 简介   81
    6.3.2 集成   83
    6.3.3 极简的 CRUD   86
    6.3.4 分页、排序   88
    6.3.5 揭秘 JPA   88
    6.3.6 约定方法   91
    6.3.7 自定义   93
    6.3.8 审计   94

6.4 MyBatis Plus   97
    6.4.1 集成   97
    6.4.2 代码生成   98
    6.4.3 自定义模板   104
    6.4.4 分页   107
    6.4.5 条件构造器   108
    6.4.6 自动填充   112

6.5 强大的 Druid   114
    6.5.1 基本原理   114
    6.5.2 如何选择连接池   115
    6.5.3 配置   115
    6.5.4 监控   117

6.6 事务   120
    6.6.1 事务的特性   120
    6.6.2 脏读、不可重复读、幻读   121
    6.6.3 在 Spring 中使用事务   124

6.6.4	Spring 中的事务传播行为	125
6.6.5	拓展	135
6.7	要点回顾	135

第 7 章　出征前送你 3 个锦囊　136

7.1	代码的护身符——单元测试	136
7.1.1	一个单元测试的自我修养	136
7.1.2	为什么要写单元测试	137
7.1.3	Junit	138
7.1.4	实战	140
7.2	天有不测风云——异常处理	143
7.2.1	异常体系	143
7.2.2	全局异常处理	145
7.2.3	异常与意外	149
7.3	软件系统的黑匣子——日志	149
7.3.1	日志的作用	149
7.3.2	日志级别	150
7.3.3	常见日志框架	151
7.3.4	配置	153
7.3.5	规范	156
7.3.6	得日志者得天下	157
7.4	要点回顾	157

第 8 章　Spring Boot 的核心原理　158

8.1	你真的懂 IOC 吗	158
8.1.1	实现方式	158
8.1.2	传统方式 vs 控制翻转	159
8.1.3	IOC 的意义	163
8.2	什么是 AOP	164
8.2.1	AOP 与 OOP	164
8.2.2	为什么用 AOP	165
8.2.3	用在什么地方	166
8.2.4	怎么用	167
8.2.5	执行顺序	171
8.2.6	原理简析	174
8.3	为什么一个 main 方法就能启动项目	175
8.3.1	概览	175
8.3.2	应用启动计时	177
8.3.3	打印 Banner	178
8.3.4	创建上下文实例	179
8.3.5	构建容器上下文	180
8.3.6	刷新上下文	181
8.4	比你更懂你的自动配置	184
8.4.1	自动配置原理	184
8.4.2	按需配置	191
8.5	要点回顾	192

第 9 章　互联网应用性能瓶颈的"万金油"——Redis　193

9.1	初识 Redis	193
9.1.1	Redis 特性	193
9.1.2	Redis 的"看家本领"——快	195
9.2	Redis 可以做什么	197
9.3	使用 Redis	198
9.3.1	安装 Redis	198
9.3.2	默认端口来历	199
9.3.3	集成	200
9.3.4	Hello Redis	201
9.4	更多用法	201
9.4.1	Template	201
9.4.2	opsFor	202
9.4.3	绑定 key 操作	203
9.4.4	序列化策略	203
9.5	Redis 实现分布式锁	205

9.5.1	锁的自我修养	206
9.5.2	实现分布式锁的方式	206
9.5.3	实现分布式锁	207
9.5.4	其他实现方案	209
9.6	要点回顾	210

第 10 章 安全领域的"扛把子"——
　　　　Spring Security　　　211

10.1	认证和授权	211
10.1.1	认证	211
10.1.2	授权	212
10.2	Spring Security 简介	212
10.3	功能一览	212
10.3.1	多种认证方式	212
10.3.2	多种加密方式	213
10.3.3	多种授权方式	214
10.4	动手实践	215
10.4.1	集成	215
10.4.2	自定义用户	215
10.4.3	从数据库中获取用户信息	216
10.4.4	登录成功与失败处理	218
10.4.5	权限控制	220
10.4.6	异常处理	222
10.4.7	记住我	224
10.4.8	常用的安全配置	226
10.4.9	获取当前用户	228
10.5	前景	229
10.6	要点回顾	230

第 11 章 自律到"令人发指"的
　　　　定时任务　　　231

| 11.1 | 什么时候需要定时任务 | 231 |
| 11.2 | Java 中的定时任务 | 232 |

11.2.1	单机	232
11.2.2	分布式	232
11.3	Spring Task 实战	232
11.3.1	故事背景	234
11.3.2	fixedDelay 模式	234
11.3.3	cron 模式	235
11.3.4	fixedRate 模式	236
11.4	整合 Quartz	237
11.4.1	核心概念	237
11.4.2	代码实战	237
11.4.3	Quartz 表说明	238
11.5	cron 表达式	239
11.6	要点回顾	240

第 12 章 RabbitMQ 从哪里来、是什么、
　　　　能干什么、怎么干　　　241

12.1	消息队列的由来	241
12.2	核心概念	241
12.2.1	客户端	242
12.2.2	服务端	242
12.2.3	连接和信道	243
12.3	业务场景	244
12.4	工作模式	244
12.4.1	无交换器参与	245
12.4.2	有交换器参与	246
12.5	动手实践	247
12.5.1	Web 管理端	247
12.5.2	代码实战	249
12.6	要点回顾	257

第 13 章 反其道行之的
　　　　Elasticsearch　　　258

| 13.1 | Elasticsearch 简介 | 258 |
| 13.1.1 | 什么是搜索引擎 | 258 |

13.1.2　在搜索界的地位　259
　　13.1.3　为什么是 Elasticsearch　259
13.2　核心概念　260
　　13.2.1　核心对象　260
　　13.2.2　倒排索引　261
13.3　动手实践　262
　　13.3.1　版本匹配　262
　　13.3.2　准备工作　262
　　13.3.3　Elasticsearch 的 CRUD　264
　　13.3.4　ElasticsearchRestTemplate　265
13.4　数据同步　267
　　13.4.1　定时同步　268
　　13.4.2　实时同步　268
13.5　要点回顾　268

第 14 章　项目上线的"最后一公里"——部署与监控　269
14.1　部署　269
　　14.1.1　Jar　269
　　14.1.2　War　270
　　14.1.3　DevTools　272
14.2　监控　275
　　14.2.1　Actuator　275
　　14.2.2　自定义　282
　　14.2.3　Spring Boot Admin　285
14.3　要点回顾　291

第 15 章　你学习技术的"姿势"对吗　292
15.1　技术应该怎么学　292
15.2　不怕麻烦　293
15.3　遇到问题怎么办　294
　　15.3.1　IDE 会帮助你解决问题　294
　　15.3.2　错误信息会告诉你怎么解决问题　294
　　15.3.3　借助互联网　295
　　15.3.4　提问的正确"姿势"　296
15.4　要点回顾　296

附录 A　使用 Docker 配置开发环境　297
Docker 常用命令　297
安装环境　299

第 1 章

Spring Boot 凭什么成为 JVM 圈的框架"一哥"

正如我们所知道的，Spring Boot 近些年来很火。各个公司基本上都把原来 SSM、SSH 的项目迁移到了 Spring Boot。那么 Spring Boot 究竟是如何征服 JVM 圈（Spring Boot 不仅支持 Java，还支持 Groovy、Kotlin 等语言），成为框架"一哥"的呢？

1.1 用数据说话

在讨论 Spring Boot 凭什么成为 JVM 圈的框架"一哥"之前，本着"问为什么之前，先弄清楚是不是"的原则，我们先客观地分析一下 Spring Boot 到底是不是"一哥"。

1.1.1 市场份额

英国软件安全服务商 Snyk 与 Oracle 官方刊物 *The Java Magazine* 联合推出的 *JVM Ecosystem Report 2020*（《2020 JVM 生态报告》）显示，有大约 60% 的用户在生产环境中使用了 Spring（见图 1-1），这对于一个第三方开源框架来说，算得上一个非常了不起的成绩了。

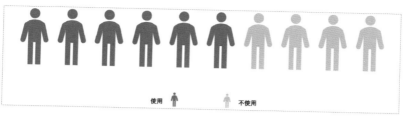

图 1-1　Spring 的市场份额

另外，在服务端框架方面，Spring Boot 占据了 15%的市场份额（见图 1-2）。第二名是 Spring MVC，占据了超过 30%的市场份额。曾经依靠 SSH 组合风靡一时的 Struts 已经不见了踪影，真是令人唏嘘不已。不过，谁让 Spring 家族的产品那么好用呢！

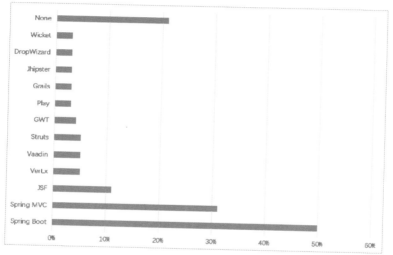

图 1-2　Spring Boot 的市场份额

通过这份报告，我们知道 Spring 家族在 JVM 生态中有着举足轻重的地位。报告中那些 Spring MVC 的市场份额，大概超过 50%都依赖老旧系统。这就好比目前 Windows 系统的市场份额一样，Windows 10 和 Windows 7 占主要部分，但还在运行 Windows 7 的大多是老机器。如果打算给计算机安装一个 Windows 系统，则在没有特殊要求的情况下，我们会选择安装 Windows 10，而不会选择安装 Windows 7。

1.1.2　关注度

了解完 Spring Boot 的市场份额，再来看看业界对于它的关注度（见图 1-3），相关数据来自 Google Trends，展示了 Spring Boot 自 2014 年发布至 2020 年 4 月的搜索指数。

第 1 章　Spring Boot 凭什么成为 JVM 圈的框架"一哥"

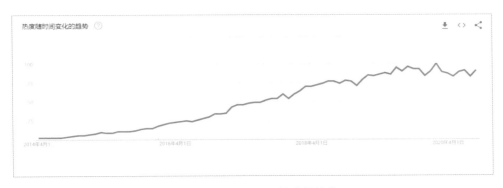

图 1-3　Spring Boot 的发展趋势

由图 1-3 可见，Spring Boot 发布后，关注度一路猛增，目前达到了一个比较稳定的高峰。无须多言，数据最直观。

通过分析 Spring Boot 的市场份额及关注度，我们可以肯定地说：Spring Boot 的"一哥"称号当之无愧。接下来，我们分析一下它的成长之路。

1.2　多方支持

一门技术的流行离不开多方的宣传和推广，还有"大厂"的背书。

1.2.1　官方力推

打开 Spring 的官网，你会看到一则非常醒目的标语——Spring makes Java simple（见图 1-4）。让 Spring 具备 simple 这个能力的正是本书的主角——Spring Boot。

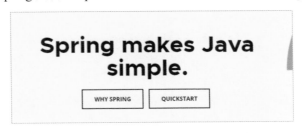

图 1-4　Spring makes Java simple

光说不练假把式，Spring 很有"王婆卖瓜"的嫌疑。我们滚动鼠标，来到页面的下半部分，会看到一小段代码，是使用 Spring Boot 编写的一个 Hello World 示例（见图 1-5）。

图 1-5　使用 Spring Boot 编写的 Hello World 示例

这个使用 Spring Boot 编写的 Hello World 示例很简洁，而这在 Spring Boot 出现之前是不可能做到的。Hello World 示例旁边还有一段简短的文字描述，其中有一句很有意思——building services like a boss，直译过来就是"像个老板一样构建你的服务"。

这是外国人的表达方式，用中文表达就是——运筹帷幄之中，决胜千里之外。也就是说，一切尽在掌握之中。

1.2.2 "大厂"背书

在 Spring 官网首页正文的最下面引用了 Netflix（奈飞）公司高级工程师的一段话，内容如图 1-6 所示。

图 1-6　关于 Spring 的评论

这段话的大概意思就是，原先公司使用的框架都是自己开发的，在 2019 年年初的时候，已经完全迁移到 Spring Boot 上了，他对此感到很欣慰。

大家应该听说过 Netflix，尤其是喜欢看美剧的读者应该比较熟悉它。这里不过多介绍 Netflix，总之，这是一家很厉害的美国公司，它不仅业务厉害（能赚钱），技术也很厉害。Spring Cloud 里的很多组件都来自这家公司，如 Eureka、Zuul、Hystrix、Feign 等。另外，Spring Cloud 也是基于 Spring Boot 实现的。可以毫不夸张地说，Spring

Boot 是 Java 微服务的技术基石。

官方力推加上"大厂"背书,以及它与微服务的紧密关系,这一切都让 Spring Boot 的前景一片光明。难怪其从诞生至今的关注度一路飙升。

1.3 打铁还需自身硬

光有别人的力捧,自身没点真本事的话,那么只会昙花一现,不会长久。好在 Spring Boot 自身也是非常有实力的,不仅"颜值"高,而且有"内涵"。

1.3.1 高颜值

这可能是 Spring Boot 最大的卖点了,谁让技术圈也逃不过"看脸"这个定律呢?你可能会问:框架又没有五官,怎么定义它的颜值呢?我们可以把一个框架的易用性和优雅性比作一个框架的颜值。Spring Boot 从易用性上来讲,可以说做到了极致。只需单击几次鼠标,然后写几行代码就可以完成一个基于 Spring Web 应用的 Hello World 程序。

例如,只需要写下面几行代码即可:

```
@GetMapping
public String hello() {
    return "Hello Spring Boot";
}
```

> Just a few lines of code is all you need to start building services like a boss.此言非虚。

而这在 Spring Boot 出现之前,是根本无法实现的,甚至想都不敢想。当年 SSH 组合风靡一时,如果你会搭建 SSH 环境,这就能成为你的一个技术亮点,基本上达到初、中级的水平了。这也并不是说当年对程序员的要求太低,而是因为那些 XML 配置实在太复杂、太麻烦了。它能复杂到什么程度呢?嗯……就是一个初学者可能花几天时间也调不通程序的程度,非常"劝退"。不过现在好了,我们有了 Spring Boot。

我曾经以为注解加上 properties 配置文件已经做到了极致,直到后来遇到 Spring Boot。让人不禁感叹:一山更比一山高!Spring Boot 实在是高!人生苦短,我用 Spring Boot!

Spring Boot 的简单易用,也决定了使用它时的优雅性。添加新功能时,通常只需要一个注解、一个 Starter 就能解决问题。它的优雅主要体现在以下几个方面:

- 没有复杂的 XML 配置
- 善解人意的自动配置
- 周到贴心的 Starter
- 简单得不能再简单的部署方式
- 丰富且强大的监控

这些特点现在不展开叙述，后面会一一进行讲解。

1.3.2 有内涵

作为一个有追求的框架，肯定不能仅靠一副好看的皮囊。Spring Boot 或者说 Spring，除了"颜值高"这个我们比较容易感知的特点，还有需要我们深入探索才能了解的丰富内涵。比如，它的两大核心特性——IOC 和 AOP，还有接下来要探讨的"约定优于配置"的设计哲学。

"约定优于配置"是什么意思呢？就是按照约定俗成的规范编程。Spring Boot 制定了一套编程的最佳实践规范，如果我们没有特殊的需求，可以实现"开箱即用"。而这种规范是一种推荐性的而不是强制性的规范。我们还可以根据需要来自定义相应规范。这样既做到了开箱即用的便利性，也兼顾了按需定制的灵活性，在简单和灵活之间找到了一个完美的平衡点。

在 Spring Boot 中，这种"约定优于配置"的思想随处可见。例如，当引入 spring-boot-starter-web 依赖后，我们的应用就具备了 Spring MVC 的功能（提供 HTTP 服务、JSON 支持和数据校验等）。而且我们不需要安装 Tomcat 或其他 Web 容器，可以直接以 Jar 的方式运行一个 Web 应用。这也是提前约定好的，在默认情况下打包应用时，Spring Boot 会内嵌一个 Tomcat。当然，也可以通过修改 Maven 依赖将 Tomcat 替换成其他容器，如 Jetty，或者直接哪个容器也不用。

这种"约定优于配置"的思想，类似于现实生活中的风俗习惯。比如，我们会在春节吃饺子、贴春联、放鞭炮（当然不能在禁放区内燃放），西方国家的人会在感恩节吃火鸡、在平安夜互送苹果。这些都是在一定范围内形成的默契，大家不需要提前商量，到特定的日子就会默契地做相同的事情。

网上流传这样一句话：外表决定了我是否愿意去了解你的内在，而内在决定了我会不会一票否决你的外表。巧的是，Spring Boot 不仅有着动人的外表（市场份额高、关注度高、简单易用等），还有着丰富的内在（"约定优于配置"的设计思想、IOC 和 AOP 等强大功能）。如果说 Spring Boot 是一个女孩，那么我能想到的形容她的词只有"秀外慧中"了。有框架如斯，夫复何求呀！

1.4 要点回顾

- 在 JVM 生态中，Spring 占据了大约 60% 的市场份额；在服务端框架中，Spring Boot+Spring MVC 占据了大约 80% 的市场份额
- Spring Boot 自诞生以来，关注度持续上升
- Spring Boot 有官方力推和"大厂"背书，未来形势一片大好
- Spring Boot 简化了复杂的配置，大大提升了开发效率
- Spring Boot 具有优秀的设计思想和强大的功能

第 2 章

兵马未动，粮草先行——码前准备

兵马未动，粮草先行。在行军打仗之前，军队需要提前准备好粮草。同样地，在写代码之前，我们需要准备好软件环境及工具，做好码前准备。

2.1 软件环境

我们需要用到的主要软件及版本如下。
- **系统**：Windows 10
- **JDK**：JDK 1.8
- **IDE**：Intellij IDEA 2020
- **构建工具**：Maven 3.6.3
- **Spring Boot**：Spring Boot 2.5.6
- **MySQL**：MySQL 8.0 及以上

以上是本书推荐的主要软件及版本，如果你是初学者，那么建议你采用与本书一致的软件及版本；如果你是比较有经验的开发者，那么可以根据自己的喜好来选择。

2.2 大管家 Maven

本书选择 Maven 作为 Jar 包管理及构建工具。原因很简单，它拥有领先的市场份额。图 2-1 展示了来自《2020 JVM 生态报告》的数据。

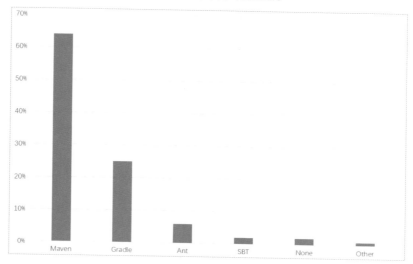

图 2-1　构建工具市场份额

2.2.1 pom 文件

POM（Project Object Model，项目对象模型）是我们使用 Maven 的核心。pom 文件使用 XML 语言编写，定义了项目的基本信息，用于描述项目如何构建，声明项目依赖等。

pom 文件示例：

```
<?xml version="1.0" encoding="UTF-8"?>
<project xmlns="..."xmlns:xsi="..."xsi:schemaLocation="...">
    <!-- modelVersion 指定了 pom 文件的模型版本（Maven 3 必须是 4.0.0）-->
    <modelVersion>4.0.0</modelVersion>

    <!-- parent 代表父项目相关信息 -->
    <parent>
        <groupId>org.springframework.boot</groupId>
        <artifactId>spring-boot-starter-parent</artifactId>
        <version>2.4.0</version>
        <relativePath/>
```

```xml
</parent>

<!-- groupId 代表项目所在组信息 -->
<groupId>com.shuijing</groupId>
<!-- artifactId 代表项目在组内的唯一标识 -->
<artifactId>boot</artifactId>
<!-- version 代表项目版本 -->
<version>0.0.1-SNAPSHOT</version>
<!-- packaging 代表项目的打包方式,默认为 Jar,可以省略,其他可选项有 War、pom -->
<packaging>Jar</packaging>

<!--name 是项目的名称,用于提升可读性 -->
<name>spring-boot-book</name>
<!--description 是比 name 更进一步的项目描述 -->
<description>Demo project for Spring Boot</description>

<!--properties 用来存放各种属性,包括自定义属性 -->
<properties>
    <!--java.version 用来指定 JDK 的版本 -->
    <java.version>1.8</java.version>
</properties>

<!--dependencies 用来管理依赖的 Jar 包坐标信息,也是最常用的 -->
<dependencies>
    <dependency>
        <groupId>org.springframework.boot</groupId>
        <artifactId>spring-boot-starter-web</artifactId>
    </dependency>
    ...
</dependencies>

<!--build 用于配置项目的构建信息 -->
<build>
    <!--plugins 用于配置构建项目所需的插件 -->
    <plugins>
        <plugin>
            <groupId>org.springframework.boot</groupId>
            <artifactId>spring-boot-maven-plugin</artifactId>
        </plugin>
    </plugins>
</build>

<!--repositories 用来配置 Jar 包的远程仓库 -->
<repositories>
```

```xml
        <repository>
            ...
        </repository>
    </repositories>
    <!--pluginRepositories 用来配置插件的远程仓库 -->
    <pluginRepositories>
        <pluginRepository>
            ...
        </pluginRepository>
    </pluginRepositories>

</project>
```

以上是一个 pom 文件示例,接下来我们一起学习几个常用的概念。

2.2.2 常用概念

坐标

坐标是 Maven 中非常重要的概念。我们在初中数学里就已经学习过这个概念,例如:(0,7)代表 Y 轴上距离原点 7 个单位的一个点。而我们在地理课里也学习过由经/纬度组成的坐标,例如:(东经 116°23'51",北纬 39°54'31")是天安门的坐标。那么 Maven 中的坐标是什么样子的呢?Maven 中的坐标由以下 3 部分构成:

- groupId
- artifactId
- version

groupId 代表组信息,通常是公司或者组织;artifactId 是项目在组内的唯一标识;version 就很简单了,代表项目的版本。我们通过一个具体示例来进一步理解:

```xml
<!-- 组信息 -->
<groupId>org.springframework</groupId>
<!-- 组内唯一标识 -->
<artifactId>spring-web</artifactId>
<!-- 版本 -->
<version>5.2.10.RELEASE</version>
```

上面这个坐标代表 Spring 的 Web 模块,其版本为 5.2.10.RELEASE。

在 Java 中,可以说"万物皆对象",而在 Maven 中,则可以说"万物皆坐标"。一切 Jar 包或 pom 文件都可以用一个唯一的坐标来标识。

依赖

我们可以通过坐标来声明一个 Jar 包或 pom 文件（War 包不能被引用，这里不讨论），还可以通过坐标来引用其他的 Jar 包或 pom 文件。依赖管理是 Maven 最重要的功能之一，项目依赖的所有 Jar 都需要通过如下格式放到<dependencies>标签下：

```xml
<dependencies>
    ...
    <dependency>
        <groupId>org.springframework</groupId>
        <artifactId>spring-web</artifactId>
        <version>5.3.1</version>
    </dependency>
    ...
</dependencies>
```

继承

Maven 中的继承和 Java 中的继承类似，都通过<parent>标签来标明继承关系。继承后，子工程会将父工程的相关特性应用到子工程中。例如：

```xml
<parent>
    <groupId>org.springframework.boot</groupId>
    <artifactId>spring-boot-starter-parent</artifactId>
    <version>2.5.6</version>
</parent>
```

构建

构建（Build），也就是我们所说的编译打包的过程，是 Maven 另外一个重要的功能，用于将我们的工程打成 Jar 包或 War 包。

Maven 是通过集成插件的方式来实现构建功能的，可以根据不同的构建需求选择不同的插件。在 Spring Boot 项目中，默认使用 spring-boot-maven-plugin 插件进行构建，因为 Spring Boot 需要将工程打包成可执行的 Jar 文件，所以需要使用自己定制的构建插件。例如：

```xml
<build>
    <plugins>
        <plugin>
            <groupId>org.springframework.boot</groupId>
            <artifactId>spring-boot-maven-plugin</artifactId>
        </plugin>
    </plugins>
</build>
```

2.3 打造一件趁手的兵器

一件趁手的兵器有多重要？这个问题问问孙悟空就知道了，他当初为了寻找一件趁手的兵器差点把东海龙宫给掀了。金箍棒之于孙悟空，就好比一款好用的 IDE 之于程序员。

IDE 无疑是程序员披荆斩棘、驰骋沙场必不可少的工具。因此，一款好用的 IDE 对于程序员来说意义非凡，它可以让程序员提升编码效率。你要问我谁是最佳 IDE，对于微软系编程语言来说，必然是 Visual Studio，而对于 JVM 系编程语言来说，Intellij IDEA 不出，谁与争锋？口说无凭，我们来看具体数据。图 2-2 展示了来自《2020 JVM 生态报告》的数据。

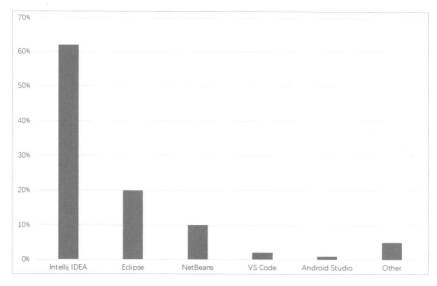

图 2-2　IDE 市场份额

Intellij IDEA 的市场份额（JVM 生态）处于绝对领先的地位，比其他 IDE 的市场份额总和还多。光说数据也没什么意思，毕竟一个工具好不好，只有用起来才知道。下面我们就来看看 Intellij IDEA 究竟有什么本事，可以占据如此"傲视群雄"的市场份额。

2.3.1　设置

Intellij IDEA 的默认设置非常友好，实现开箱即用完全没问题。但是它仍然提供了非常高的定制自由度，以便每个人都可以根据自己的习惯调节出更适合自己的 IDE。

下面分享一些我个人常用的设置，仅供参考，选择 File→Settings 菜单命令（或者按 Ctrl+Alt+S 快捷键），打开 Settings 面板。

设置主题与字体

选择 Appearance & Behavior→Appearance 选项（见图 2-3）。

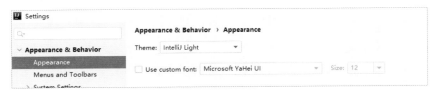

图 2-3　设置主题与字体

在此面板中可以根据自己的喜好选择亮色、暗色或者高对比度的主题，以及字体和字号。

设置编辑区字体

选择 Editor→Font 选项（见图 2-4）。

图 2-4　设置编辑区字体

在此强烈推荐一下 JetBrains 的 Mono 字体，这是专为编程开发的一款等宽字体（开源的），支持多种主流编程语言。想了解更多相关信息的读者，可以去 JetBrains 官网查看。

> 对于老眼昏花的我来说，调大字号是必不可少的操作。

显示行号与方法分隔符

选择 Editor→General→Appearance 选项（见图 2-5）。

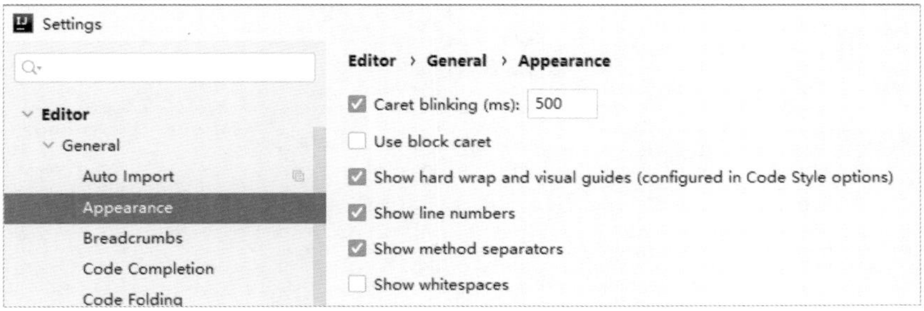

图 2-5　显示行号与方法分隔符

显示行号，这样在执行 Debug 操作的时候会很方便；显示方法分隔符，这样在阅读代码的时候会更清晰，效果如图 2-6 所示。

```

    @ApiOperation(value = "创建用户")
    @PostMapping("")
    public User create(@RequestBody User user) {
        return userRepository.save(user);
    }

    @ApiOperation(value = "更新用户")
    @PutMapping("")
    public User update(@RequestBody User user) {
        return userRepository.save(user);
    }

    @ApiOperation(value = "删除用户")
    @DeleteMapping("/{id}")
    public void delete(@PathVariable Integer id) {
        userRepository.deleteById(id);
    }

    @ApiOperation(value = "根据年龄查询用户")
    @GetMapping("/age/{age}")
    public List<User> getByAge(@PathVariable Integer age) {
        return userRepository.findByAge(age);
    }
```

图 2-6　显示行号与方法分隔符的效果

设置 Editor Tabs 布局

选择 Editor→General→Editor Tabs 选项（见图 2-7）。

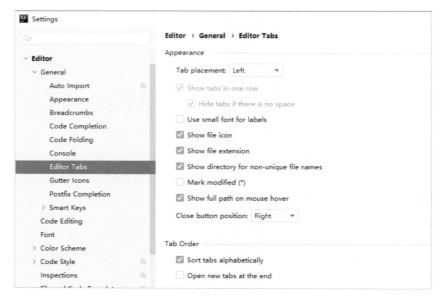

图 2-7　设置 Editor Tabs 布局

我比较喜欢将代码的 Tab 放到左侧，配合带鱼屏显示器，使用体验非常棒！另外，还可以让 Tab 按照字母顺序排列，这样找起来会很方便。Editor Tabs 设置效果如图 2-8 所示。

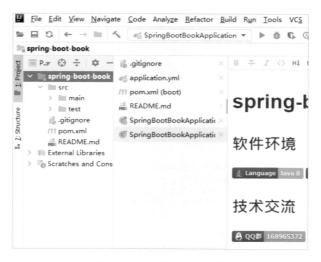

图 2-8　Editor Tabs 设置效果

高亮显示修改目录

选择 Version Control 选项（见图 2-9）。

图 2-9　高亮显示修改目录

勾选 Show directories with changed descendants 复选框后，当项目有改动时，对应的目录会高亮显示，且在亮色主题下会默认变成浅蓝色，非常直观。

> 这一功能需要集成版本管理工具（如 Git 或 SVN 等）后才能生效。

自动导入

选择 Editor→Auto Import 选项（见图 2-10）。

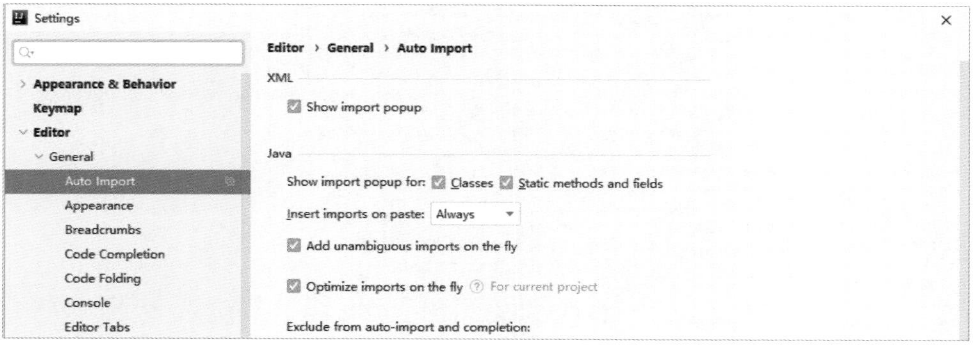

图 2-10　自动导入

勾选 Add unambiguous imports on the fly 和 Optimize imports on the fly 两个复选框，当没有二义性时，会自动导入包引用。当包引用不再被使用时，会自动移除。

设置 Maven 的 Reload 操作

选择 Build, Execution, Deployment→Build Tools 选项（见图 2-11）。

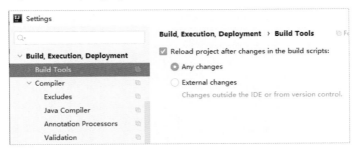

图 2-11　设置 Maven 的 Reload 操作

勾选 Reload project after changes in the build scripts 复选框后，当 pom 文件有更改时，会自动触发 Maven 的 Reload 操作，非常方便。

> Intellij IDEA 在某几个版本中去掉了这个功能，结果导致社区中一片抱怨声，所以在后续的版本中又恢复了这个功能。

自定义工具栏

选择 Appearance & Behavior→Menus and Toolbars 选项（见图 2-12）。

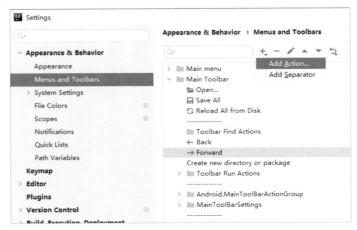

图 2-12　自定义工具栏

将比较常用的操作添加到工具栏中，可以提升便利性，例如，图 2-12 中选择了 Forward 选项，那么新增操作的相应按钮会被添加到 Forward 操作相应的按钮后面。

这里将新建 Java Class 的操作添加进来，如图 2-13 所示，依次展开 Main menu→File→New 选项，找到 Java Class 并单击 OK 按钮。

图 2-13　添加新建 Java Class 的操作

完成后的效果如图 2-14 所示。当我们需要新建 Java Class 的时候，单击箭头所指的按钮即可。

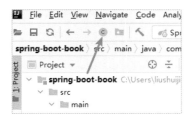

图 2-14　自定义工具栏效果

2.3.2　技巧

说完 Intellij IDEA 的设置部分，接下来继续分享一些比较好用的使用技巧，这些技巧可以在很大程度上提升我们的编程效率。

历史剪切板

快捷键：Ctrl + Shift + V。

历史剪切板如图 2-15 所示。作为一个程序员，我们在日常工作中肯定少不了进行复制、粘贴操作。（嗯？谁在"黑"我们程序员？）这个功能可以极大地提升效率。

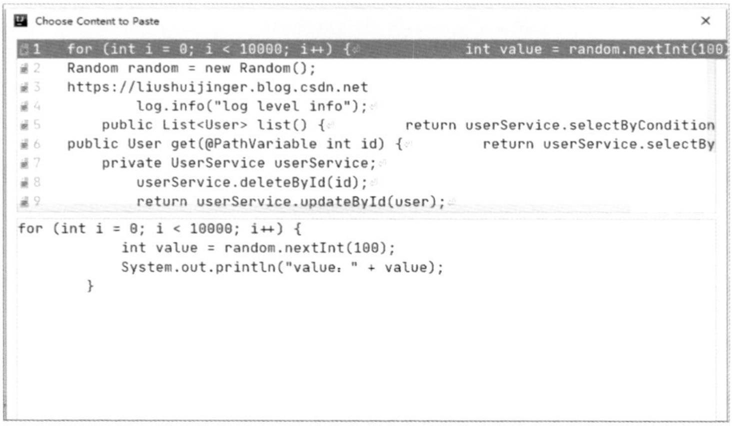

图 2-15　历史剪切板

最近查看/修改过的文件

快捷键：Ctrl + E。

如图 2-16 所示，这个功能用于需要在多个文件之间来回切换的场景，如阅读代码或者调试代码的时候，使用这个功能可以让 Debug 操作更加行云流水。

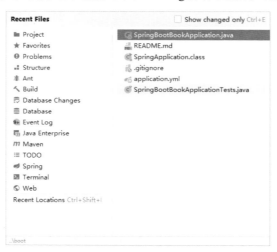

图 2-16　最近查看过的文件视图

在图 2-16 所示的情况下，再次按 Ctrl + E 快捷键可以切换到最近修改过的文件视图中。

全局查找/替换

快捷键：**Ctrl + Shift + F/R**。

如图 2-17 所示，可以调出全局查找/替换对话框，按项目、模块、目录及自定义范围进行查找或替换。这个功能非常适合查看某个关键字出现的位置，或者统一替换某个关键字等情况。

图 2-17 全局查找/替换对话框

随心搜

快捷键：双击 Shift 键。

正如它的名字——随心搜，你可以随时随地（在 Intellij IDEA 的任何界面）发起搜索，如图 2-18 所示。

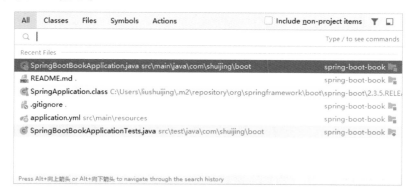

图 2-18 随心搜

在图 2-18 所示的情况下，再次双击 Shift 键，就可以搜索项目以外（引用的第三方 Jar 包）的内容了。

Surround With

快捷键：Ctrl + Alt + T。

Surround With 效果如图 2-19 所示。我们不需要对 Surround With 进行过多的介绍。它可以一键生成常用代码样板，只要用过它的都说好。

图 2-19　Surround With 效果

问题狙击手

这是一套"组合拳"，需要两步。

1．按 F2 键定位问题。

2．按 Alt + Enter 快捷键解决问题。

如图 2-20 所示，在代码编辑区内，如果文件内有错误（报红）或者警告（报黄），那么按 F2 键可以快速定位到问题的位置，然后按 Alt + Enter 快捷键就可以快速修复问题。

图 2-20　问题狙击手

花式 Debug

Debug 是程序员的日常操作。如果程序员掌握了一些技巧，就可以快速定位与解决问题。Intellij IDEA 的调试功能很丰富，下面介绍条件断点让大家感受一下。

在一般情况下，普通断点可以满足我们的需要，但是如果你需要调试一个循环中的代码，并且这个循环数很大，例如：

```java
public static void main(String[] args) {
    Random random = new Random();
    for (int i = 0; i < 10000; i++) {
        int value =
        random.nextInt(100);
        System.out.println("value: " + value);
    }
}
```

当需要调试 value 值为 50 时，我们肯定不能一遍一遍地进行"傻瓜式"的调试，这时候就需要用到条件断点了。其用法很简单，只需要在普通断点上面右击一下，就会弹出条件输入框，然后输入 value == 50 即可，如图 2-21 所示。

图 2-21　使用条件断点

这样，当 value 值为 50 的时候，断点才会生效，非常好用。

其他功能，如运行到光标处、执行到指定行号、执行表达式等需要自己多尝试一下。表 2-1 展示了 Debug 相关的快捷键及其功能描述。

表 2-1　Debug 相关的快捷键及其功能描述

快 捷 键	功 能 描 述
F7	下一步，如果当前行断点是一个方法，则进入当前方法体内
F8	下一步，不进入当前方法体内
F9	恢复程序运行，但是如果该断点后面的代码还有断点，则停在下一个断点上
Alt + F8	选中对象，弹出可输入计算表达式的输入框，查看该输入内容的调试结果

续表

快捷键	功能描述
Alt + F9	运行到光标处
Ctrl + F8	设置光标当前行为断点，如果当前已经是断点，则去掉断点
Shift + F7	智能步入。断点所在行上有多个方法调用，会弹出进入哪个方法
Shift + F8	跳出，表现出来的效果跟按F9键的效果一样
Ctrl + Shift + F8	设置断点的执行条件

自动写代码

我们经常开玩笑地说："支付宝，你已经是一个成熟的软件了，应该学会自己还花呗了！"但是我们只能想象一下，想让支付宝自己还花呗是不可能的，阿里巴巴公司也不会答应。不过，Intellij IDEA 就不一样了，它不仅是一个成熟的 IDE，还慢慢学会了自己写代码。

Intellij IDEA 有两个功能用于实现自动写代码——Live Template 和 PostFix。

先介绍 Live Template，比如，我们输入 psvm 后按 Tab 键，Intellij IDEA 就会自动生成 main 方法，如图 2-22 所示。

图 2-22 自动生成 main 方法

再如，我们输入 sout 后按 Tab 键，Intellij IDEA 就会自动生成打印语句，如图 2-23 所示。

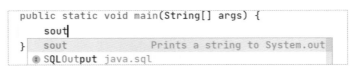

图 2-23 自动生成打印语句

接下来介绍 PostFix，比如，我们想迭代一个名称为 list 的列表对象，输入 list.for 后按 Tab 键，Intellij IDEA 就会自动生成列表的迭代代码，如图 2-24 所示。

图 2-24 自动生成列表的迭代代码

Intellij IDEA 中内置了很多常用的 Live Template 和 PostFix。我们可以到设置面板中查看它们，查看路径分别是 Settings→Editor→Live Template 和 Settings→Editor→General→PostFix Completion。当然，你也可以根据自己的喜好创建自定义的 Live Template 和 PostFix。

重构

Intellij IDEA 的重构功能也很强大，下面简单展示一下变量重命名。首先将光标定位到需要重命名的变量处，然后按 Shift + F6 快捷键，那么所有该变量出现的地方都会被高亮显示，如图 2-25 所示。

```java
public static void main(String[] args) {
    Random random = new Random();
    for (int i = 0; i < 10000; i++) {
        int value = random.nextInt( bound: 100);
        System.out.println("value: " + value);
    }
}
```

图 2-25　重命名

这时候，我们将该变量修改成想要的名称，然后按 Enter 键，这个变量的名称就会全部变成新的名称。Intellij IDEA 还有很多更强大的重构功能，最常用的重构快捷键如下。

- Shift + F6：重命名
- Ctrl + Alt + V：抽取变量
- Ctrl + Alt + F：抽取字段
- Ctrl + Alt + P：抽取参数
- Ctrl + Alt + C：抽取常量
- Ctrl + Alt + M：抽取方法

此处就不一一讲解重构功能了。在实际使用中细细体会，你会爱上重构功能的。

2.3.3　插件

虽然 Intellij IDEA 的功能已经非常强大了，但是仍然具有开放的特性，支持通过第三方插件的方式来增强它的功能。下面简单列举一下我必须安装的插件。

Alibaba Java Coding Guidelines

按照《阿里巴巴 Java 开发手册》中的编码规范检查代码并给出修改建议。

Codota

Intellij IDEA 的自动补全功能已经很强大了，用了 Codota 会更强大。

Lombok

可以省去烦人的 Getter/Setter，当然功能远不止于此。

Maven Helper

Maven 的好帮手，解决依赖冲突的"利器"。

MyBatis Log Plugin

可以打印出可执行的（自动将"?"替换成具体的参数）SQL 语句，非常好用。

MyBatisX

可以直接通过 Java 代码跳转到 MyBatis 的 Mapper.xml 中对应的 SQL 语句，也可以使用 Free MyBatis Plugin。

Rainbow Brackets

让括号拥有不同的颜色。

2.4 要点回顾

- 软件环境尽量与本书统一，经验丰富者除外
- Maven 介绍及相关概念讲解，如坐标、依赖、继承、构建
- Intellij IDEA 常用设置，如设置字体、显示行号、自动导入、自定义工具栏等
- Intellij IDEA 使用技巧，如历史剪切板、随心搜、自动写代码、重构等
- Intellij IDEA 比较好用的插件推荐，如 Codota、Lombok、Maven Helper 等

第 3 章

牛刀小试——五分钟入门 Spring Boot

在第 2 章中，我们做了充分的码前准备，那么本章我们来动手实践一下，五分钟带你入门 Spring Boot！

3.1 万物皆可 Hello World

在一个程序员的眼里，万物皆可 Hello World。Spring Boot 当然也不例外。下面一起来完成我们的第一个 Spring Boot 程序。

3.1.1 创建一个 Web 工程

新建项目

在首次运行 Intellij IDEA 时，或者取消勾选 Reopen projects on startup（启动时重新打开项目）复选框时，你会看到如图 3-1 所示的界面，选择 New Project 选项。

图 3-1　新建项目

在非首次运行 Intellij IDEA 时,你可以选择 File→New→Project 菜单命令来创建一个工程。

选择项目类型

弹出如图 3-2 所示的项目类型选择界面,首先选择左侧项目类型列表中的 Spring Initializr 选项,然后在 Project SDK 下拉列表中选择 1.8 java version "1.8.0_271" 选项,单击 Next 按钮。

图 3-2　项目类型选择界面

填写项目信息

弹出如图 3-3 所示的项目信息填写界面,其中 Group 对应 pom 文件中的 groupId,Artifact 对应 pom 文件中的 artifactId,分别填入对应的内容即可。首先将项目类型设置为 Maven,语言设置为 Java,打包方式设置为 Jar,然后在 Java Version 下拉列表中选择 8 选项，单击 Next 按钮。

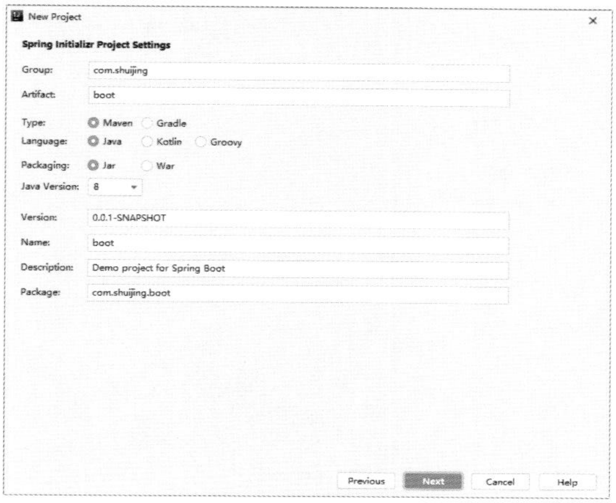

图 3-3　项目信息填写界面

选择依赖

接下来选择项目需要依赖的 Jar 包。如果你写过非 Spring Boot 的 Java Web 项目，那么回想一下，创建一个 Java Web 项目需要依赖哪些 Jar 包呢？好的，我知道你可能根本想不起来（或者说想不全）了，但这并不是你的错，因为 Jar 包实在太多、太琐碎了。值得庆幸的是，我们今天使用 Spring Boot 开发一个 Web 项目，根本不需要你记住依赖哪些 Jar 包。你只需要知道要开发的是一个 Web 工程即可。在 Intellij IDEA 的依赖选择界面中（见图 3-4），你只需要勾选 Spring Web 复选框，然后单击 Next 按钮即可。

图 3-4　依赖选择界面

选择项目的保存路径

最后需要选择一下项目的保存路径,这里可以根据自己的习惯与喜好进行设置,并单击 Finish 按钮(见图 3-5)。

图 3-5　选择项目的保存路径

项目创建完成后,你会看到如图 3-6 所示的项目结构。关于这个结构的细节,我们会在下一节进行详细讨论。

图 3-6　项目结构

3.1.2　完成核心代码

经过上面的操作,我们就搭建好了一个 Web 工程的基础框架,距离完成我们的第一个 Spring Boot 程序只差最后一步了。接下来创建 HelloController 类并编写本例中仅有的 hello 方法代码。

创建 HelloController 类

在 Intellij IDEA 中新建一个类很简单，可以按照图 3-7 所示，单击工具栏中的 Java Class 按钮（如果你的 Intellij IDEA 中没有这个按钮，可以参考 2.3.1 节进行设置）来创建一个 HelloController 类，或者选择 File→New→Java Class 菜单命令来创建，或者直接右击对应的 package（如 com.shuijing.boot）来创建。

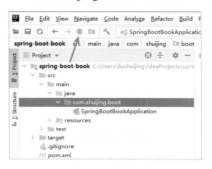

图 3-7　单击 Java Class 按钮

在 New Java Class 对话框中输入 HelloController，并按 Enter 键，如图 3-8 所示。

图 3-8　创建 HelloController 类

编写 hello 方法代码

在 HelloController 类中添加一个 hello 方法，具体代码如下：

```
@RestController
public class HelloController {

    @GetMapping("/hello")
    public String hello() {
        return "Hello Spring Boot";
    }

}
```

关于@RestController 和@GetMapping 这两个注解的用途，会在下一章介绍。

3.1.3 运行并查看效果

经过以上步骤，我们的第一个 Spring Boot 程序就全部完成了。接下来需要验证一下这个程序是否可以正常运行。在 Intellij IDEA 中启动一个项目很简单，可以单击图 3-9 中任意一个向右的小箭头，也可以使用 Shift + F10 快捷键。

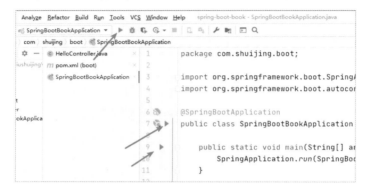

图 3-9　启动一个项目

项目启动成功后，可以在 Intellij IDEA 的控制台看到如下日志：

```
  .   ____          _            __ _ _
 /\\ / ___'_ __ _ _(_)_ __  __ _ \ \ \ \
( ( )\___ | '_ | '_| | '_ \/ _` | \ \ \ \
 \\/  ___)| |_)| | | | | || (_| |  ) ) ) )
  '  |____| .__|_| |_|_| |_\__, | / / / /
 =========|_|==============|___/=/_/_/_/
 :: Spring Boot ::        (v2.5.6)


... No active profile set, falling back to default profiles: default
... Tomcat initialized with port(s): 8080 (http)
... Starting service [Tomcat]
... Starting Servlet engine: [Apache Tomcat/9.0.39]
... Initializing Spring embedded WebApplicationContext
... Root WebApplicationContext: initialization completed in 645 ms
... Initializing ExecutorService 'applicationTaskExecutor'
... Tomcat started on port(s): 8080 (http) with context path ''
... Started SpringBootBookApplication in 1.215 seconds (JVM running for 1.979)
```

接下来在浏览器中访问 http://localhost:8080/hello，会看到页面中打印出如下内容：

```
Hello Spring Boot
```

运行结果如图 3-10 所示。

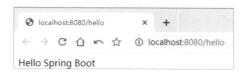

图 3-10　运行结果

经过上面的简单操作，我们就完成了一个基于 Spring Boot 的 Hello World 程序。如果你之前用过 SSH 或者 SSM（如果没有，那么建议你去网上找一个教程体会一下），那么应当会更加深切地体会到 Spring Boot 的简洁与高效。

不知道你刚刚有没有意识到，在使用 Spring Boot 创建一个 Web 项目时，我们仅仅通过 5 个步骤就完成了！我们没有配置（甚至都没有见到）web.xml；没有配置启用注解；没有配置包扫描路径；没有配置视图解析；没有配置 Tomcat……

对于以前创建一个 Java Web 项目时需要进行的所有配置，我们好像都没有做。难道现在技术进步了，不需要这些配置了吗？当然不是，当你觉得轻松的时候，一定是有人替你完成了这些配置。没错，一切繁杂且与业务无关的配置，都由 Spring Boot 帮我们默默地完成了。那么，Spring Boot 是怎么做到的呢？其实核心思想就 6 个字——约定优于配置。

3.2　Spring Boot 的工程结构

接下来我们一起学习 Spring Boot 的工程结构。我们刚刚创建的工程结构如图 3-11 所示。

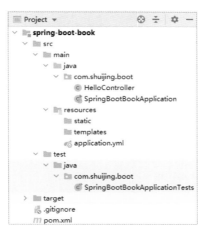

图 3-11　工程结构

如果你之前接触过 Maven，那么应当非常熟悉这个结构，这就是一个标准的 Maven 工程结构。

Spring Boot 之所以使用 Maven 的工程结构，是因为它们都遵循"约定优于配置"的设计哲学。

3.2.1 结构详解

下面我们来看每个文件/文件夹（目录）的作用：

```
spring-boot-book                //工程根目录
|--target                       //工程编译打包输出目录
|--gitignore                    //Git 版本控制忽略清单文件
|--pom.xml                      //Maven 的依赖管理文件，通常称为 pom 文件
`--src
   |--main                      //项目主目录
   |  |--java                   //Java 源码文件目录
   |  |  `--com
   |  |     `--shuijing
   |  |        `--boot
   |  |           |--dao
   |  |           |--service
   |  |           |--controller
   |  |           |--config
   |  |           |--....
   |  |           `--SpringBootBookApplication//Spring Boot 主类
   |  |
   |  `--resources              //资源文件目录
   |     |--static              //静态资源文件：JS、CSS 等
   |     |--templates           //页面模板文件：Thymeleaf、FreeMarker 等
   |     `--application.yml     //配置文件
   |
   `--test                      //单元测试目录
      |--java                   //单元测试 Java 源码文件目录
      |  |--com
      |     `--shuijing
      |        `--boot
      |           |--dao
      |           |--service
      |           |--controller
      |           |--config
      |           |--....
      |           `--SpringBootBookApplicationTests//测试主类
      |
      `--resources              //单元测试资源文件目录
```

从上面的结构中可以看出，工程根目录由 4 部分组成——target（目录）、gitignore（文件）、pom.xml（文件）和 src（目录）。

我们知道，target 是目标的意思，使用 Maven 打包后会将编译后的 .class 文件和依赖的 Jar 包，以及一些资源文件放到这个目录下。

gitignore 文件用来配置那些不需要 Git 帮助我们进行版本控制的文件或目录，例如，Intellij IDEA 产生的配置文件或者本地开发使用的 application-local.yml 文件等。

pom.xml 文件用来配置依赖的 Jar 包，帮助我们进行 Jar 包管理。我们会经常跟它打交道。

最后的 src 目录用来存放所有我们编写的 Java 源码文件、程序配置文件、资源文件等，是开发需要用到的主目录。

至此，我们对于 Maven 或者说 Spring Boot 的工程结构已经有了一个非常清晰的认识。但对于我们这种好学之人（不许笑），到这里是远远不够的。我们还想要了解为什么要将工程结构设计成这样。既要知其然，还要知其所以然。

3.2.2 结构分类

功能目录

target、gitignore 和 pom.xml 都是偏工具属性的，主要是给 Maven、Git 用的，与开发人员的关系没有那么紧密。我们可以将其称为功能目录（文件）。

业务目录

真正跟开发人员息息相关的是 src 目录下的内容。开发人员平时操作最多的内容也是这个目录下的内容。我们可以清晰地看到，src 目录有两个分支——main 和 test。这两个目录的用途很好理解，main 用来存放业务逻辑主代码，而 test 则用来存放测试代码。而且我们可以很容易地发现它们两个内部的结构极其相似。因为 test 就是为 main 服务的，理论上讲，main 中的每一个 Java 类（POJO 类除外）在 test 中都有一个测试类，可以理解成 main 中的每个类都有一个"贴身侍卫"，用来护其周全。

再往下看，又分为 dao、service、controller 等目录，这体现了软件开发中最基本的分层思想，对应着数据层、业务逻辑层及 Web 控制层。

3.3 珍爱生命，我用 Starters

计算机的"发烧友"都喜欢按照自己的喜好购买各个部件（CPU、显卡、主板、电源、机箱等），然后自己组装一台心仪的主机。但这对于普通用户来说，技术门槛太高了。普通用户不关心 CPU 到底采用的是多少纳米的工艺，只要能满足日常办公需要就行了；不关心显卡有多少个流处理器，只要能流畅地播放主流高清视频就行了；不关心硬盘是 SATA 还是 M.2 接口，只要能装下老师们的讲解视频就行了（对，我说的就是那些教你写代码的视频）。

组装计算机和 Starters 有什么关系呢？不光有关系，简直就是一回事，你看完就明白了。

3.3.1 没有 Starters 的日子

Java 在业界之所以有今天的地位，很大一部分原因是 JVM 生态具有非常强大的第三方支持力量。但凡事都有两面性，这些库实在太多了，以致完成同一个功能会有很多种方案可供选择，而同一个方案又有 N 个版本。在没有 Starters 的日子，开发一个项目时，你需要在 pom 文件中手动维护动辄上百个 Jar 包依赖。

以我们前面创建的 Hello World 程序为例，在没有 Starters 的日子，我们需要进行以下操作。

1. 收集 Web 应用所需的 Jar 包。
2. 将这些 Jar 包的坐标添加到 Maven 依赖里。
3. 有些 Jar 包的版本可能需要更换。
4. 某个 Jar 包可能与其他 Jar 包冲突或者不兼容。
5. 反复地调试，直到可以正常运行。

这项操作也是 5 步，跟前面差不多，但似乎哪里不对——这 5 步好像只做了前面"选择依赖"这件事！如果运气不好（更准确地说，是"经验不足"），遇到冲突或者不兼容的情况，就不知道需要多久才能解决了。很显然，这对一个初学者（就称他"小白"吧）来说太不友好了，他有可能还没入门就只能放弃。假如小白意志坚强，经过不断"打怪升级"，积累经验，并将之前"踩过的坑"记录到自己的知识库中，那么以后每次用到的时候只需要施展"CV 大法"即可。

这样看起来也挺不错，效率比之前提高了不少。但小白的整个职业生涯可能需要写几十、几百个工程，而全世界又有多少个像小白一样的人呢？假设施展一次"CV 大法"耗时 10 秒，平均一个人一生创建 100 个工程，全世界的 Java 程序员有 100 万人，那么这些人用在"CV 大法"上的时间为：$10 \times 100 \times 1000000 = 1000000000$ 秒 ≈ 31 年。

3.3.2 有了 Starters 以后

有了 Starters 以后的 Spring Boot 可以让我们多轻松呢？还记得前面选择依赖那个步骤吗？如图 3-12 所示。

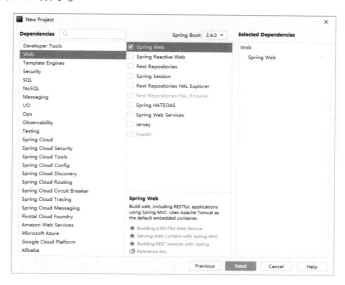

图 3-12 选择依赖

勾选 Spring Web 复选框，对应到 pom 文件中，就是添加如下依赖：

```
<dependency>
    <groupId>org.springframework.boot</groupId>
    <artifactId>spring-boot-starter-web</artifactId>
</dependency>
```

没错，就是这么简单，一个 spring-boot-starter-web 就把一个 Web 工程需要的 Jar 包全部搞定了。那么，Starters 究竟是何方"神圣"，是如何做到这些的呢？

3.3.3 什么是 Starters

Spring 官网对 Starters 的介绍如下：

Starters are a set of convenient dependency descriptors that you can include in your application. You get a one-stop shop for all the Spring and related technologies that you need without having to hunt through sample code and copy-paste loads of dependency descriptors.

简单翻译如下：

Starters 是一组方便的依赖描述。你可以将其添加到你的应用中，将会得到 Spring 及相关技术的一站式服务，使你不必再将那些样板代码进行反复的复制、粘贴操作。

spring-boot-starter-web 包含的 Jar 包如图 3-13 所示。

```
Maven: ch.qos.logback:logback-classic:1.2.3
Maven: ch.qos.logback:logback-core:1.2.3
Maven: com.fasterxml.jackson.core:jackson-annotations:2.11.3
Maven: com.fasterxml.jackson.core:jackson-core:2.11.3
Maven: com.fasterxml.jackson.core:jackson-databind:2.11.3
Maven: com.fasterxml.jackson.datatype:jackson-datatype-jdk8:2.11.3
Maven: com.fasterxml.jackson.datatype:jackson-datatype-jsr310:2.11.3
Maven: com.fasterxml.jackson.module:jackson-module-parameter-names:2.11.3
Maven: jakarta.annotation:jakarta.annotation-api:1.3.5
Maven: org.apache.logging.log4j:log4j-api:2.13.3
Maven: org.apache.logging.log4j:log4j-to-slf4j:2.13.3
Maven: org.apache.tomcat.embed:tomcat-embed-core:9.0.39
Maven: org.apache.tomcat.embed:tomcat-embed-websocket:9.0.39
Maven: org.glassfish:jakarta.el:3.0.3
Maven: org.slf4j:jul-to-slf4j:1.7.30
Maven: org.slf4j:slf4j-api:1.7.30
Maven: org.springframework.boot:spring-boot:2.4.0
Maven: org.springframework.boot:spring-boot-autoconfigure:2.4.0
Maven: org.springframework.boot:spring-boot-starter:2.4.0
Maven: org.springframework.boot:spring-boot-starter-json:2.4.0
Maven: org.springframework.boot:spring-boot-starter-logging:2.4.0
Maven: org.springframework.boot:spring-boot-starter-tomcat:2.4.0
Maven: org.springframework.boot:spring-boot-starter-web:2.4.0
Maven: org.springframework:spring-aop:5.3.1
Maven: org.springframework:spring-beans:5.3.1
Maven: org.springframework:spring-context:5.3.1
Maven: org.springframework:spring-core:5.3.1
Maven: org.springframework:spring-expression:5.3.1
Maven: org.springframework:spring-jcl:5.3.1
Maven: org.springframework:spring-web:5.3.1
Maven: org.springframework:spring-webmvc:5.3.1
Maven: org.yaml:snakeyaml:1.27
```

图 3-13 spring-boot-starter-web 包含的 Jar 包

图 3-13 中展示了 spring-boot-starter-web 包含的所有 Jar 包，看到这里我们就明白了，Starters 其实就是将一组具有相关性的 Jar 包做了一个整合。不同的 Starters 对应不同的功能。例如：

- spring-boot-starter-web 用于 Web 工程
- spring-boot-starter-test 用于单元测试
- spring-boot-starter-mail 用于邮件服务
- spring-boot-starter-data-redis 用于 Redis
- ……

想了解更多 Starters 的读者，请查阅 Spring Boot 官方文档。

Starters 按照功能把相关的依赖整合起来，不需要开发者自己手动添加，大大提高了开发效率。不仅如此，这些 Starters 都是经过官方测试的，所以不会出现版本不兼容等令人抓狂的问题。

　　Spring 将依赖按照不同的功能进行组合打包，你可以按照自己的需求进行选择，想要开发 Web 项目，就选择 starter-web；想要发送邮件，就选择 starter-mail。就像前面组装计算机一样，普通用户不太关心具体参数，他们需要的是提出需求，由卖家直接给出一个好的解决方案即可。

　　从程序运行机制来说，使用 Starters 和自己手动添加 Jar 包依赖并没有任何不同。Spring 将这些基础设施整合好，让用户可以直接拿过来用，从而专注于自己的需求，这样才是好的产品。

　　了解这些思想，对我们在工作、学习中的帮助也是非常大的。我们知道了什么样的软件才称得上好软件，什么样的设计才称得上优秀的设计。希望大家在学习一门技术的时候，多留心技术上的设计思想，并且多尝试将这些优秀的思想应用于自己的软件中。

3.4　值得拥有的 YAML

　　YAML（YAML Ain't Markup Language）是专门用来编写配置文件的，其设计宗旨是方便人类阅读与书写，所以相较于其他配置文件的常用格式（如 XML、Properties、JSON 等），它的结构更加简洁与清晰。

3.4.1　Properties 与 YAML

　　Properties 用来编写配置文件已经非常简单了，但是它有一个缺点，就是结构不够清晰，不能体现配置项的相关性和层次。下面通过 Spring Boot 官方文档中的一个例子来进行对比。

Properties：

```
environments.dev.url=https://dev.***.com
environments.dev.name=Developer Setup
environments.prod.url=https://another.***.com
environments.prod.name=My Cool App
```

YAML：

```
environments:
    dev:
        url: https://dev.***.com
        name: Developer Setup
```

```
prod:
    url: https://another.***.com
    name: My Cool App
```

通过上面的例子，我们可以很容易地看出，YAML 更加具有整体性和层次感，直观地体现了各个配置项之间的层级关系；而 Properties 在这一点上比较弱，它的内容只是罗列了 4 条配置信息，并没有直观地体现它们之间的关系。同时，YAML 的写法更加简洁。

3.4.2　YAML 语法

基本规则

- 大小写敏感
- 使用空格缩进表示层级关系
- 对缩进的空格数目没有要求，只要同级元素左侧对齐即可
- 使用#注释，只有行注释，没有块注释
- key 与 value 用：（英文冒号）加上空格来分割

基本组件

YAML 的基本组件主要有两种。

- 对象（映射/字典）
- 数组（列表）

对象：

```
person:
    name: John Smith
    age: 33
```

数组：

```
- apple
- banana
```

数据类型

- 字符串
- 布尔值
- 数值（整型、浮点）
- null
- 日期/时间（Date、Time）

示例：

```
number: 123
boolean: true
string: hello
null: ~
date: 2019-06-09
```

学习了以上这些知识，你应该可以应对接下来的实战内容了。YAML 还有一些高级用法，感兴趣的读者可以自己探索一下。

> **Spring Boot** 默认使用 Properties 作为配置文件格式，需要手动将 application.properties 重命名为 application.yml。

3.5 要点回顾

- **Spring Boot** 只需 5 步就可以搭建一个 Web 工程
- **Spring Boot** 采用 **Maven** 的工程结构，它们都遵循"约定优于配置"的原则
- **Starters** 整合了很多常用功能，可以减少大量重复性工作
- **YAML** 是一种非常简洁、易读写的配置文件格式

第 4 章

斗转星移，无人能及——Spring MVC

在第 3 章中，我们通过一个 Hello World 程序的开发对 Spring Boot 进行了初步的介绍。在本章中，我们将使用 Spring Boot 来实现一个 Web 工程。

4.1 Spring MVC 简介

Spring MVC 是 Spring Framework 中的一个组件，原名为 Spring Web MVC。不过人们更喜欢将其称为 Spring MVC。由它的名字可知，它是一款 Web 框架。通过 Spring Web MVC 这个名字，我们就可以对它有一个宏观的认识。

- Spring 彰显了它的家族身份，代表它来自 Spring 家族
- Web 代表它是一款与 Web 相关的框架
- MVC 则代表它的本领

那么，这个 MVC 具体是什么意思呢？MVC 模式是软件工程中的一种软件架构模式，把软件系统分为 3 个基本部分：模型（Model）、视图（View）和控制器（Controller）。

- 模型（Model）：Model 是由一个实体 Bean 实现的，是数据的载体
- 视图（View）：在 Java EE 应用程序中，View 可以由 JSP（Java Server Page）担任。在目前的前/后端分离模式下，View 已经由前端取代
- 控制器（Controller）：在 Java EE 应用中，Controller 可能是一个 Servlet。在 Spring MVC 中，控制器的核心是 DispatcherServlet

其实，我们在上一章的 Hello World 示例中，已经使用过 Spring MVC 了。什么？你完全没感觉到？那就对了！这就是 Spring Boot 的"杀手锏"，它可以让你感觉不到它的存在。

简单回顾一下在 Spring Boot 中使用 Spring MVC 时需要我们做什么。

添加 Web Starter：

```
<dependency>
    <groupId>org.springframework.boot</groupId>
    <artifactId>spring-boot-starter-web</artifactId>
</dependency>
```

编写 Controller：

```
@RestController
public class HelloController {

    @GetMapping("/hello")
    public String hello() {
        return "Hello Spring Boot";
    }

}
```

如果你在非 Spring Boot 环境下配置过 Spring MVC，将更能体会到 Spring Boot 的简洁与高效（"没有对比，就没有伤害"这个道理在技术圈也同样适用）。然而，这对于 Spring Boot 来说只是日常操作，平平无奇。这里就不展开叙述了，后面会经常遇到。本章主要介绍 Spring MVC 的相关知识。

4.2　接收参数的各种方式

上一章中的 Hello World 程序只是一个非常简单的例子，hello 方法没有接收任何参数，而在实际应用中，我们需要处理各式各样的参数。

Spring MVC 接收参数的方式大致可以分为以下 4 种：

- 无注解方式
- @RequestParam 方式
- @PathVariable 方式
- @RequestBody 方式

4.2.1 常用注解

在学习如何接收参数之前,先来认识一下 Spring MVC 中的常用注解,如表 4-1 所示。

表 4-1 Spring MVC 中的常用注解

注 解	作 用 域	说 明
@Controller	类	Controller标识
@RequestMapping	类/方法	URL映射
@ResponseBody	类/方法	以JSON格式返回数据
@RequestParam	参数	按名字接收参数
@RequestBody	参数	接收JSON格式的参数
@PathVariable	参数	接收URL中的值

@Controller

@Controller 用来修饰类,表示该类为一个 Controller 对象。Spring 容器在启动时会将该类实例化。

@RequestMapping

@RequestMapping 用来修饰类或方法,设置接口的访问路径。在修饰类时,一般用于设置该类下所有接口路径的前缀。

@ResponseBody

@ResponseBody 用来修饰类或方法。在修饰方法时,该方法以 JSON 格式返回数据;在修饰类时,该类下的所有方法默认都以 JSON 格式返回数据。

@RequestParam

@RequestParam 用来修饰参数,可以根据名字与参数进行绑定,相当于 ServletRequest.getParameter()。

@RequestBody

@RequestBody 用来修饰参数,接收 JSON 格式的参数,经常应用于 AJAX 请求、前/后端分离的场景下。

@PathVariable

@PathVariable 用来修饰参数,用于获取 URL 上的值。

除了上面这些，我们还会用到一些其他的注解。这些注解可以说是以上注解的一个"变种"，可以被称为"组合注解"。什么是组合注解呢？继续阅读，一看便知：

- @RestController = @Controller + @ResponseBody
- @GetMapping = @RequestMapping(method = RequestMethod.GET)
- @PostMapping = @RequestMapping(method = RequestMethod.POST)
- @PutMapping = @RequestMapping(method = RequestMethod.PUT)
- @PatchMapping = @RequestMapping(method = RequestMethod.PATCH)
- @DeleteMapping = @RequestMapping(method = RequestMethod.DELETE)

相信聪明的你已经发现了，组合注解就是具有多个功能的注解，是由多个注解或一个注解与一个特定的属性值组成的注解，相当于对注解的一种封装。封装后的注解具有多个功能，如：@RestController 不仅可以标识一个 Controller，还可以让被标识的 Controller 中的所有方法都返回 JSON 格式的数据；@GetMapping 不仅可以映射一个请求路径，还可以让该路径只响应 GET 方法。

4.2.2 准备工作

在正式开始之前，需要做一些准备工作。首先，我们需要创建一个 User 类，用来接收 JSON 参数及返回 JSON 数据，代码如下：

```
@Data
public class User {
    private String name;
    private int age;
}
```

使用 @Data 注解时，需要在 pom 文件中添加以下依赖：

```
<dependency>
    <groupId>org.projectlombok</groupId>
    <artifactId>lombok</artifactId>
</dependency>
```

然后，我们需要在 Intellij IDEA 中安装 Lombok 插件（在第 2 章中提到过）。

最后，我们需要创建一个 ParamController 类，代码如下：

```
@RestController
public class ParamController {

}
```

准备工作完成后，下面正式开始。

4.2.3 无注解方式

无注解方式最简单,其写法和之前的 Hello World 程序差不多。示例代码如下:

```
@GetMapping("/noannotation")
public User noAnnotation(User user) {
    return user;
}
```

在浏览器中访问 http://localhost:8080/noannotation?name=无注解方式&age=1,会看到浏览器中打印出如下内容:

```
{
    "name": "无注解方式",
    "age": 1
}
```

4.2.4 @RequestParam 方式

@RequestParam 有 4 个属性,如表 4-2 所示。

表 4-2　@RequestParam 属性

属　　性	类　　型	说　　明
name	String	参数名称
value	String	name属性的别名
required	boolean	指定是否为必传参数(为true时,不传会报错)
defaultValue	String	参数默认值

示例代码如下:

```
@GetMapping("/requestparam")
public User requestParam(@RequestParam String name, @RequestParam int age) {
    User user = new User();
    user.setName(name);
    user.setAge(age);
    return user;
}
```

在浏览器中访问 http://localhost:8080/requestparam?name=@RequestParam 方式 &age=2,会看到浏览器中打印出如下内容:

```
{
    "name": "@RequestParam方式",
```

```
    "age": 2
}
```

4.2.5　@PathVariable 方式

@PathVariable 有 3 个属性，如表 4-3 所示。

表 4-3　@PathVariable 属性

属性	类型	说明
name	String	参数名称
value	String	name属性的别名
required	boolean	指定是否为必传参数（为true时，不传会报错）

示例代码如下：

```
@GetMapping("/pathvariable/{name}/{age}")
public User pathVariable(@PathVariable String name,@PathVariable int age) {
    User user = new User();
    user.setName(name);
    user.setAge(age);
    return user;
}
```

在浏览器中访问 http://localhost:8080/pathvariable/@PathVariable 方式/3，会看到浏览器中打印出如下内容：

```
{
    "name": "@PathVariable 方式",
    "age": 3
}
```

4.2.6　@RequestBody 方式

@RequestBody 只有一个属性，如表 4-4 所示。

表 4-4　@RequestBody 属性

属性	类型	说明
required	boolean	指定是否为必传参数（为true时不传会报错）

示例代码如下：

```
@PostMapping("/requestbody")
public User requestBody(@RequestBody User user) {
```

```
    return user;
}
```

注意，这次需要使用 POST 方式请求接口，而浏览器的地址栏不能直接发送 POST 请求。所以，我们需要借助其他工具，可以使用 Postman、Intellij IDEA 自带的 HTTP Client 或其他 HTTP 发送工具。这里以 Intellij IDEA 的 HTTP Client 为例，在 requestBody 方法左侧有一个绿色图标，如图 4-1 所示。

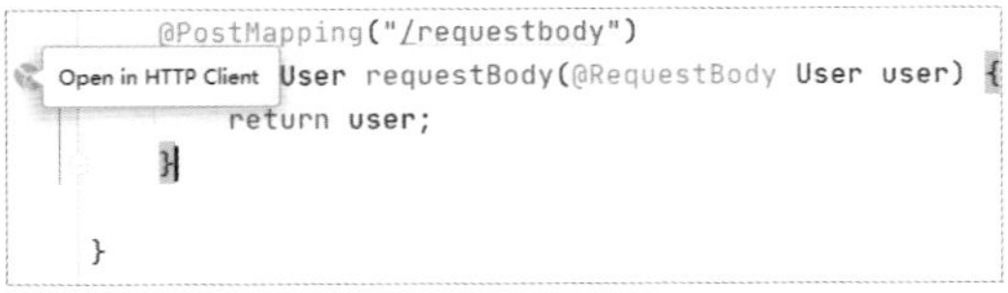

图 4-1　Intellij IDEA 的 HTTP Client

单击 requestBody 方法左侧的图标，进入如图 4-2 所示的界面。

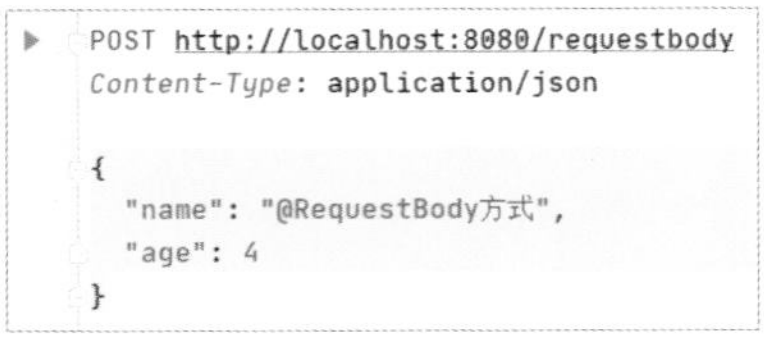

图 4-2　requestBody 方法界面

以 POST 方式请求 http://localhost:8080/requestbody，将 Content-Type 设置为 application/json，参数如下：

```
{
    "name": "@RequestBody方式",
    "age": 4
}
```

单击图 4-2 中的绿色箭头发送请求后，将会看到如图 4-3 所示的执行结果。

图 4-3　执行结果

至此，Spring MVC 接收参数的几种方式就介绍完了。也许你已经感觉到了，这样测试接口既要输入请求地址，又要设置请求类型，非常麻烦。下一章就来解决这个问题。

4.3 参数校验

说到传参，就避不开参数校验。在实际开发中，我们需要根据需求对参数进行各种各样的校验：是否为空、是否超出取值范围、是否为数字、E-mail 格式是否正确等。在没有数据校验 API 之前，我们需要自己实现这些校验的代码。在有了 JSR-303 规范之后，这些事情就变得无比简单、方便。

Spring MVC 对 JSR-303 具有良好的支持特性，在 Spring Boot 的加持下，更是"如鱼得水"，只需要引入一个 Starter 就可以获得参数校验的能力。下面我们来看一个简单的例子。

4.3.1 开启参数校验

添加 validation 的 Starter 依赖：

```xml
<dependency>
    <groupId>org.springframework.boot</groupId>
    <artifactId>spring-boot-starter-validation</artifactId>
</dependency>
```

为数据对象添加注解：

```java
@Data
public class User {
    @NotBlank(message = "名字不能为空")
    private String name;
    @Min(value = 1,message = "年龄不能小于 1")
    private int age;
    @Email(message = "E-mail 格式不正确")
    private String email;
    @Past(message = "生日必须为过去的时间")
    private LocalDate birthDay;
}
```

为需要进行校验的参数添加@Valid 注解：

```java
@PostMapping("/requestbody")
public User requestBody(@RequestBody @Valid User user) {
```

```
    return user;
}
```

4.3.2 查看校验效果

再次以 POST 方式请求 http://localhost:8080/requestbody，将 Content-Type 设置为 application/json，参数如下：

```
{
    "name": "",
    "age": -1,
    "email":"email#163.com",
    "birthDay":"2050-01-01"
}
```

发送请求后，会看到如下返回信息：

```
{
    "timestamp": "2020-12-06T09:47:40.737+00:00",
    "status": 400,
    "error": "Bad Request",
    "message": "",
    "path": "/requestbody"
}
```

然后会在控制台看到如下日志：

```
Resolved [org.springframework.web.bind.MethodArgumentNotValidException:
Validation failed for argument [0] in public com.shuijing.boot.mvc. User
com.shuijing.boot.mvc.ParamController.requestBody(com.shuijing. boot.
mvc.User)with 4 errors: [Field error in object 'user' on field 'birthDay':
rejected value [2050-01-01]; codes
[Past.user.birthDay,Past.birthDay,Past.java.time.LocalDate,Past]; arguments
[org.springframework.context.support. DefaultMessageSourceResolvable:
codes [user.birthDay,birthDay]; arguments []; default message [birthDay]];
default message [生日必须为过去的时间]] [Field error in object 'user' on field
'age': rejected value [-1]; codes [Min.user.age,Min.age,Min.int,Min];
arguments
[org.springframework.context.support.DefaultMessageSourceResolvable:
codes [user.age,age]; arguments []; default message [age],1]; default
message [年龄不能小于 1]] [Field error in object 'user' on field 'name':
rejected value []; codes [NotBlank.user.name,NotBlank.name,NotBlank.
java.lang.String,NotBlank]; arguments
[org.springframework.context. support.DefaultMessageSourceResolvable:
codes [user.name,name]; arguments []; default message [name]]; default
message [名字不能为 空 ]] [Field error in object 'user' on field 'email':
rejected value [email#163.com]; codes [Email.user.email,Email.email,
Email.java.lang.String,Email]; arguments
```

```
[org.springframework.context.support. DefaultMessageSourceResolvable:
codes [user.email,email]; arguments []; default message [email],
[Ljavax.validation.constraints. Pattern$Flag;@2e22e413,.*]; default
message [E-mail 格式不正确]] ]
```

这种方式很不友好，根据接口返回值完全看不出哪里出了问题，查看错误日志又太麻烦，这显然不是我们想要的。如果能将 message 里的信息直接展示在返回值里就好了。这在后面关于异常处理的章节中会详细讲解。

通过错误日志可以看到，我们设置的"生日必须为过去的时间""年龄不能小于 1""名字不能为空""E-mail 格式不正确"4 个参数限制全部生效了。

4.3.3 常用的参数校验注解

除前文介绍的 4 个注解以外，还有一些比较常用的参数校验注解，如表 4-5 所示。

表 4-5 常用的参数校验注解

注 解	说 明
@Null	被修饰的元素必须为 null
@NotNull	被修饰的元素不能为 null
@AssertTrue	被修饰的元素必须为 true
@AssertFalse	被修饰的元素必须为 false
@Min(value)	被修饰的元素必须是一个数字，其值必须大于或等于指定的最小值
@Max(value)	被修饰的元素必须是一个数字，其值必须小于或等于指定的最大值
@Size(max, min)	被修饰的元素的个数必须在指定的范围内（用于集合）
@Digits (integer, fraction)	被修饰的元素不能超过指定位数（包括整数与小数）
@Past	被修饰的元素必须是一个过去的日期
@Future	被修饰的元素必须是一个将来的日期
@Pattern(value)	被修饰的元素必须符合指定的正则表达式
@Email	被修饰的元素必须是电子邮箱地址
@Length	被修饰的字符串的长度必须在指定的范围内
@NotEmpty	被修饰的字符串的必须非空

可以在 jakarta.validation-api.jar 的 javax.validation.constraints 包中查看更多参数校验注解。另外，还可以使用 Hibernate 实现参数校验，可用的注解在 hibernate-validator.jar 的 org.hibernate.validator.constraints 路径下。

实际上，参数校验就好比乘坐高铁、飞机之前的安检，是保护系统的一道防线，而不符合要求的参数就好比违禁物品。如果将易燃、易爆物品带上高铁或者飞机，就可能会引发一些安全事故,严重的还会威胁到乘客的生命安全。同样地,如果系统不进行参数校验,就会有不符合要求的数据进入系统,从而对系统造成破坏,所以要把好参数校验这一关。

4.4 原理分析

经过学习前面的内容,我们已经掌握了使用 Spring MVC 的基本技能。但仅仅会用是不够的,我们还需要知道它的内部是如何运作的。下面我们就来一探究竟。

Spring MVC 最核心的思想在于 DispatcherServlet。在现在的开发模式中,我们主要使用的也是 Spring MVC 的这一核心功能。那么,DispatcherServlet 究竟是何方"神圣"呢?

大家还记得"姑苏慕容"吗?没错,就是小说《天龙八部》里那个以绝招"斗转星移"闻名于世,致力于"光复大燕"的慕容家族。这里,我们就拿"斗转星移"和 DispatcherServlet 进行一个类比。它们都先从外部接收一个东西(内力/请求),经过一系列转换,然后给外部一个反馈(内力/响应)。当年,慕容龙城(小说里的慕容氏先祖)凭借自创的"斗转星移"威震江湖。在《天龙八部》中,"斗转星移"连扫地僧口中天下第一的武功"降龙十八掌"都能化解,足见其十分精妙。不过,后来遇到段誉的"六脉神剑","斗转星移"就显得不太灵光了,可能是因为当年慕容龙城创造"斗转星移"时,没有考虑"高并发"的业务场景(笔者注:宋朝时算力有限,6 个请求就算得上"高并发"了)。

4.4.1 流程分析

Spring MVC 的内部处理流程如图 4-4 所示。

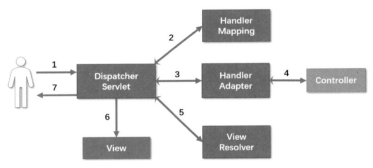

图 4-4　Spring MVC 的内部处理流程

浏览器发起一个请求（如 http://localhost:8080/hello），会经历如下步骤。

1．DispatcherServlet 接收用户请求。

2．DispatcherServlet 根据用户请求通过 HandlerMapping 找到对应的 Handler，得到一个 HandlerExecutionChain。

3．DispatcherServlet 通过 HandlerAdapter 调用 Controller 进行后续业务逻辑处理，等待步骤 4 的返回。

4．处理完业务逻辑后，HandlerAdapter 将 ModelAndView 返回给 DispatcherServlet。

5．DispatcherServlet 通过 ViewResolver 进行视图解析并返回 View。

6．DispatcherServlet 对 View 进行渲染。

7．DispatcherServlet 将最终响应返回给用户。

> 当返回 JSON 格式的数据时，DispatcherServlet 会省去对视图处理的步骤。

4.4.2 深入核心

Spring MVC 的 3 个核心组件：

- Handler
- HandlerMapping
- HandlerAdapter

Handler 是用来做具体事情的，对应的是 Controller 里面的方法。所有有 @RequestMapping 的方法都可以被看作一个 Handler。

HandlerMapping 是用来找到 Handler 的，是请求路径与 Handler 的映射关系。

从名字来看，HandlerAdapter 是一个适配器。它是用来跟具体的 Handler 配合使用的。我们可以将其简单理解为各种电子产品与电源适配器（充电器）的关系。

DispatcherServlet 最核心的方法是 doDispatch。doDispatch 主要做了 4 件事：

- 根据请求找到 Handler
- 根据 Handler 找到对应的 HandlerAdapter
- 用 HandlerAdapter 处理 Handler
- 处理经过以上步骤的结果

精简后的源码如下：

```
// 根据请求找到 Handler
mappedHandler = getHandler(processedRequest);
// 根据 Handler 找到对应的 HandlerAdapter
HandlerAdapter ha = getHandlerAdapter(mappedHandler.getHandler());
// 用 HandlerAdapter 处理 Handler
mv = ha.handle(processedRequest, response, mappedHandler.getHandler());
```

```
// 处理经过以上步骤的结果
processDispatchResult(processedRequest, response, mappedHandler, 
mv, dispatchException);
```

下面简单看一下查找 Handler 和 HandlerAdapter 的代码。查找 Handler 的代码如下：

```
protected HandlerExecutionChain getHandler(HttpServletRequest 
request) throws Exception {
    if (this.handlerMappings != null) {
        for (HandlerMapping mapping : this.handlerMappings) {
            HandlerExecutionChain handler = mapping.getHandler(request);
            if (handler != null) {
                return handler;
            }
        }
    }
    return null;
}
```

如上述代码所示，迭代 Mapping 集合，若找到 Handler，则返回 Handler，否则返回 null。如果找不到对应的 Mapping，则在一般情况下会看到我们熟悉的 404 错误提示。

查找 HandlerAdapter 的代码如下：

```
protected HandlerAdapter getHandlerAdapter(Object handler) throws 
ServletException {
    if (this.handlerAdapters != null) {
        for (HandlerAdapter adapter : this.handlerAdapters) {
            if (adapter.supports(handler)) {
                return adapter;
            }
        }
    }
    throw new ServletException("No adapter for handler [" + handler + 
                        "]: The DispatcherServlet configuration 
needs to include a HandlerAdapter that supports this handler");
}
```

和查找 Handler 稍有不同，如果找不到对应的 HandlerAdapter，则会直接抛出一个 ServletException。

4.5 拦截器

前面我们学习了 Spring MVC 的基本使用及其内部原理，下面学习 Spring MVC 的高级用法——拦截器。拦截器在日常开发中有很重要的地位，可以帮助我们完成很多重要的功能。例如：
- 登录认证
- 权限验证
- 记录日志
- 性能监控
- ……

下面我们通过一个实例来学习拦截器是如何工作的。

4.5.1 自定义拦截器

Spring MVC 中所有的拦截器都实现/继承自 HandlerInterceptor 接口。如果想要编写一个自定义拦截器，就需要实现/继承 HandlerInterceptor 接口或其子接口/实现类。图 4-5 所示为 Spring MVC 中拦截器的类图。

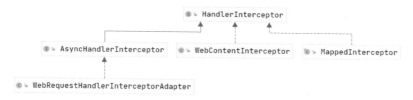

图 4-5　拦截器的类图

HandlerInterceptor 接口的源码如下：

```
public interface HandlerInterceptor {

    // 处理器执行前被调用
    default boolean preHandle(HttpServletRequest request,
HttpServletResponse response, Object handler)throws Exception {

        return true;
    }

    // 处理器执行后，视图渲染前被调用
    default void postHandle(HttpServletRequest request,
HttpServletResponse response, Object handler, @Nullable ModelAndView
modelAndView) throws Exception {

    }

    // 视图渲染完成后被调用
    default void afterCompletion(HttpServletRequest request,
HttpServletResponse response, Object handler,
```

```
            @Nullable Exception ex) throws Exception {
    }
}
```

该接口包含 3 个默认实现（Java 8）的方法——preHandle、postHandle 和 afterCompletion。

先自定义一个最简单、纯净的拦截器，也就是直接实现 HandlerInterceptor 接口。新建一个 LogInterceptor 类并实现 HandlerInterceptor 接口：

```
@Slf4j
@Component
public class LogInterceptor implements HandlerInterceptor {
    @Override
    public boolean preHandle(HttpServletRequest request, HttpServletResponse response, Object handler) throws Exception {
        log.info("preHandle");
        return true;
    }

    @Override
    public void postHandle(HttpServletRequest request, HttpServletResponse response, Object handler, ModelAndView modelAndView) throws Exception {
        log.info("postHandle");
    }

    @Override
    public void afterCompletion(HttpServletRequest request, HttpServletResponse response, Object handler, Exception ex) throws Exception {
        log.info("afterCompletion");
    }
}
```

在 3 个方法中分别添加了一条日志打印代码。

新建一个 WebConfigurer 类并实现 WebMvcConfigurer 接口，用于注册自定义的拦截器：

```
@Configuration
public class WebConfigurer implements WebMvcConfigurer {

    @Autowired
    private LogInterceptor logInterceptor;
    @Override
```

```java
    public void addInterceptors(InterceptorRegistry registry) {
        registry.addInterceptor(logInterceptor);
    }
}
```

在 HelloController 类的 hello 方法中添加一条日志打印代码：

```java
@Slf4j
@RestController
public class HelloController{
    @GetMapping("/hello")
    public String hello() {
        log.info("hello");
        return "Hello Spring Boot";
    }
}
```

接下来启动工程，并访问 http://localhost:8080/hello，会在控制台看到如下输出：

```
com.shuijing.boot.mvc.LogInterceptor    : preHandle
com.shuijing.boot.mvc.HelloController   : hello
com.shuijing.boot.mvc.LogInterceptor    : postHandle
com.shuijing.boot.mvc.LogInterceptor    : afterCompletion
```

> 这代表我们自定义的拦截器成功了！

4.5.2 拦截器的执行流程

从控制台的日志输出中，我们可以大概看出拦截器的执行流程。通过图 4-6，我们可以更清晰地了解拦截器的执行流程。

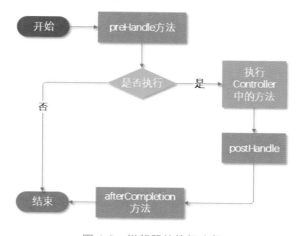

图 4-6 拦截器的执行流程

1. 执行 preHandle 方法。该方法会返回一个布尔值。如果为 false，则结束本次请求；如果为 true，则继续本次请求。

2. 执行处理器逻辑，也就是 Controller。

3. 执行 postHandle 方法。

4. 执行 afterCompletion 方法。

我们可以在 DispatcherServlet 的 doDispatch 方法源码中进一步验证这个执行逻辑：

```
protected void doDispatch(HttpServletRequest request, HttpServletResponse response) throws Exception {
    try {
        try {

            // 返回 HandlerExecutionChain，其中包含了拦截器队列
            mappedHandler = getHandler(processedRequest);
            // 调用拦截器的 PreHandle 方法，若返回 false，将直接 return
            if (!mappedHandler.applyPreHandle(processedRequest, response)) {
                return;
            }

            // 处理 Controller
            mv = ha.handle(processedRequest, response,
                mappedHandler.getHandler());
            // 调用拦截器的 PostHandle 方法
            mappedHandler.applyPostHandle(processedRequest, response, mv);
        }

        // 调用拦截器的 afterCompletion 方法
        processDispatchResult(processedRequest, response, mappedHandler,
            mv, dispatchException);
    }
}
```

看到这个流程后，我想起了评书中很常见的一幕：

> 一行人正在赶路，行至一座山脚下。突然一彪形大汉从树丛中蹿出，面蒙黑巾，手持两把板斧，大喝道："此山是我开，此树是我栽，要想从此过，留下买路财！"此人不是别人，正是那混世魔王程咬金。

嗯？原来拦截器就是程序届的"程咬金"呀！看来发明拦截器的人一定没少听单田芳老师的评书。

我们常说艺术来源于生活，其实技术同样来源于生活。现实生活中的很多场景都可以看到拦截器的"影子"，比如，我们上下班坐地铁这件事情，就好比拦截器的现

实生活版。坐地铁的流程如图 4-7 所示。

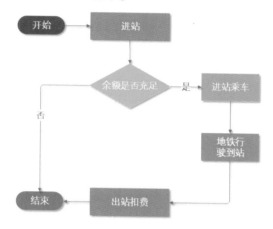

图 4-7 坐地铁的流程

可以看出，坐地铁的流程跟拦截器是一一对应的。

1．进站对应 preHandle 方法。在闸机上刷卡，如果余额充足，则可以进站；如果余额不足，则不允许进站。

2．进站乘车对应 Controller 中的逻辑（我们要做的事）。

3．进入车厢后(完成乘车动作)，地铁启动，行驶到我们的目的地，对应 postHandle 方法。

4．到站后，在闸机刷卡，完成出站扣费，对应 afterCompletion 方法。

4.5.3 多个拦截器的执行顺序

在实际应用中，通常需要多个拦截器一起配合使用才能满足我们的需求。了解了单个拦截器的执行流程后，接下来看看多个拦截器组合起来是如何运转的：是执行完一个再执行下一个，还是嵌套执行，抑或是其他的方式呢？下面我们来一探究竟。

创建一个拦截器，用来记录程序执行消耗的时间，并创建一个 TimeInterceptor 类，同样实现 HandlerInterceptor 接口，代码如下：

```
@Slf4j @Component
public class TimeInterceptor implements HandlerInterceptor {

    private final ThreadLocal<LocalTime> threadLocalStart = new ThreadLocal<>();
    private final ThreadLocal<LocalTime> threadLocalEnd = new ThreadLocal<>();
    private final DateTimeFormatter formatter =
```

```
        DateTimeFormatter.ofPattern("HH:mm:ss:SSS");
    // 记录开始时间
    @Override
    public boolean preHandle(HttpServletRequest request,
HttpServletResponse response, Object handler) throws Exception {
        LocalTime startTime = LocalTime.now();
        threadLocalStart.set(startTime);
        log.info("开始时间：{}", startTime.format(formatter));
        return true;
    }

    // 记录结束时间
    @Override
    public void postHandle(HttpServletRequest request,
HttpServletResponse response, Object handler, ModelAndView modelAndView)
throws Exception {
        LocalTime endTime = LocalTime.now();
        threadLocalEnd.set(endTime);
        log.info("结束时间：{}", endTime.format(formatter));
    }

    // 计算接口执行时间
    @Override
    public void afterCompletion(HttpServletRequest request,
HttpServletResponse response, Object handler, Exception ex) throws
Exception {
        LocalTime startTime = threadLocalStart.get();
        LocalTime endTime   = threadLocalEnd.get();
        log.info("接口执行时间：{} 毫秒", Duration.between(startTime,
    endTime).getNano() / 1000000);
    }
}
```

然后将 TimeInterceptor 类配置到 WebConfigurer 类中，完成拦截器的注册。接下来启动工程并再次访问 hello 接口，我们会看到控制台输出如下日志：

```
com.shuijing.boot.mvc.LogInterceptor    : preHandle
com.shuijing.boot.mvc.TimeInterceptor   : 开始时间：15:53:53:867
com.shuijing.boot.mvc.HelloController   : hello
com.shuijing.boot.mvc.TimeInterceptor   : 结束时间：15:53:53:889
com.shuijing.boot.mvc.LogInterceptor    : postHandle
com.shuijing.boot.mvc.TimeInterceptor   : 接口执行时间：22 毫秒
com.shuijing.boot.mvc.LogInterceptor    : afterCompletion
```

通过控制台的输出信息，我们可以看到多个拦截器的执行顺序有些类似于数据结构中的栈——先进后出。下面我们通过图 4-8 来更加直观地理解一下这个逻辑。

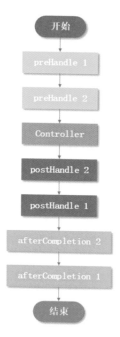

图 4-8　多个拦截器的执行顺序

接下来通过源码来验证一下我们观察到的现象，拦截器中的 3 个方法分别由 HandlerExecutionChain 类中的 3 个方法调用：

```
// 正序执行 preHandle 方法
boolean applyPreHandle(HttpServletRequest request,
HttpServletResponse response) throws Exception {
    for (int i = 0; i < this.interceptorList.size(); i++) {
        HandlerInterceptor interceptor = this.interceptorList.get(i);
        if (!interceptor.preHandle(request, response, this.handler)) {
            triggerAfterCompletion(request, response, null);
            return false;
        }
        this.interceptorIndex = i;
    }
    return true;
}

// 倒序执行 postHandle 方法
void applyPostHandle(HttpServletRequest request,
HttpServletResponse response, @Nullable ModelAndView mv)
    throws Exception {
    for (int i = this.interceptorList.size() - 1; i >= 0; i--) {
        HandlerInterceptor interceptor = this.interceptorList.get(i);
```

```
            interceptor.postHandle(request, response, this.handler, mv);
        }
    }
    // 倒序执行 afterCompletion 方法，且与执行过的 preHandle 方法是一一对应的
    void triggerAfterCompletion(HttpServletRequest request,
HttpServletResponse response, @Nullable Exception ex) {
        for (int i = this.interceptorIndex; i >= 0; i--) {
            HandlerInterceptor interceptor=this.interceptorList.get(i);
            try {
                interceptor.afterCompletion(request, response,
this.handler, ex);
            }
            catch (Throwable ex2) {
                logger.error("HandlerInterceptor.afterCompletion threw
exception", ex2);
            }
        }
    }
}
```

通过代码不难看出，preHandle 方法是从 0 到 interceptorList.size() −1 的；postHandle 方法正相反，是从 interceptorList.size() −1 到 0 的；afterCompletion 方法则有些特别，是从 interceptorIndex 到 0 的。而 interceptorIndex 其实是前面 postHandle 方法被调用的次数。

> preHandle 方法与 afterCompletion 方法总是成对出现的，一个拦截器的 preHandle 方法被调用后，afterCompletion 方法必然也会被调用。这就类似于使用一个资源（比如，打开一个文件）时，在用完后必须将资源释放。

4.6 要点回顾

- MVC 指的是模型（Model）、视图（View）和控制器（Controller）
- Spring MVC 接收参数的 4 种方式：无注解、@RequestParam、@PathVariable 和 @RequestBody
- 常用的参数校验注解：@NotEmpty、@Min、@Email 和 @Past
- Spring MVC 核心组件 DispatcherServlet 及处理请求的七步流程
- Spring MVC 的 3 个核心对象：Handler、HandlerMapping 和 HandlerAdapter
- 通过两个自定义拦截器学习了拦截器的运行原理，了解了多个拦截器按照先进后出的顺序执行，并通过分析源码进一步验证

第 5 章

你有 REST Style 吗

经过第 4 章的学习，对于 Spring MVC 我们掌握得已经差不多了，是时候使用它做些什么了。通过标题你应该已经知道了，我们接下来要学习一下如何使用 Spring MVC 构建 RESTful 接口。不过，在学习 RESTful 接口之前，我们需要先了解一些关于 HTTP 的知识。

5.1 你应该懂一点 HTTP

我们都知道，HTTP 就是 HyperText Transfer Protocol（超文本传输协议）的缩写。它是一种关于"传输"的协议，既然是传输，那么至少要在两个对象之间进行，在 HTTP 中对应的就是客户端和服务端。客户端和服务端对应两个动作——请求和响应。客户端向服务端发送请求，而服务端则根据客户端的请求做出相应的响应。

客户端能够发出请求，服务端能够做出响应，这样才能形成一个完整的 HTTP 通信过程。假如只有客户端没有服务端，则发出请求后收不到响应，岂不是白白浪费时间？而如果没有任何请求，那么服务端无从响应，也不知道响应给谁。这两种情况都不太好，只有一个人喊一句：有船吗？另一个人回应：船来啦！这样才圆满。

5.1.1 报文

如果你接触过 HTTP，那么对"报文"肯定有所耳闻。HTTP 的报文有两种——请求报文和响应报文。

请求报文

```
GET /v3/api-docs HTTP/1.1
Host: localhost:8080
Accept: application/json,*/*
```

...

开头的 GET 表示请求的类型,称为 HTTP 的方法(Method)。之后的/v3/api-docs 表示请求的路径。HTTP/1.1 表示本次请求使用的 HTTP 协议的版本。接下来的 Host 和 Accept 都属于首部(Header)字段,属于可选字段。空行下面的…代表实体的主体(Entity Body)部分,同样是可选内容。

这段请求内容的意思是:以 GET 方式基于 HTTP 协议的 1.1 版本请求访问 localhost:8080 服务器(这里是我们自己的计算机)上的/v3/api-docs 资源。

响应报文

```
HTTP/1.1 200 OK
Date: Sun, 20 Dec 2020 06:33:44 GMT
Content-Type: application/json
```

...

开头的 HTTP/1.1 与请求报文的意义相同。之后的 200 OK 表示响应的状态码(Status Code)和原因短语(Reason-Phrase),接下来的 Date、Content-Type 等都属于首部字段。接着以空行分隔,最后的…与请求报文一样是资源实体的主体。

报文结构

根据上面请求报文和响应报文的例子,我们可以知道报文由 3 部分组成。

- 起始行(请求行、响应行)
  报文的第一行,请求行(请求报文中的起始行)用来说明要做什么,响应行(响应报文中的起始行)用来说明结果如何。
- 首部
  起始行后面有零到多个首部字段,首部字段由 key:value 的方式构成,类似于 Java 中的 Map 结构。首部以一个空行结束。
- 主体(部分请求方法没有主体)
  空行之后是报文主体,请求主体包含了客户端发送给服务端的数据;响应主体则是服务端要返回给客户端的内容。起始行和首部都是文本格式,且其结构都是相对固定的。而主体则不一样,主体中可以包含任何格式的数据(如文本、图片、音频、视频、其他文件)。

报文结构如图 5-1 所示。

图 5-1　报文结构

> 首部和主体之间有一个空行。

5.1.2　状态码

状态码与原因短语用来描述请求的处理结果。HTTP 状态码共有五大类，如表 5-1 所示。

表 5-1　HTTP 状态码

状态码	类　　别	示　　例
1xx	信息性状态码	100
2xx	成功状态码	200
3xx	重定向状态码	304
4xx	客户端错误状态码	404
5xx	服务端错误状态码	500

目前，1xx 的状态码并不常见，原因是对于这类状态码，人们还存在很多争议，对其应用非常少。常见状态码包括 200、304、403、404、500 等。

5.1.3　安全性与幂等性

安全性与幂等性指的都是 HTTP 方法的特性。安全性指的是不会对服务端造成影响，也就是说，如果一个方法是安全的，那么无论如何请求，服务端都不会因为这个请求而发生变化，简而言之就是只读。幂等性指的是多次请求对服务器造成的影响与第一次请求完全一样。例如，调用一个 PUT 方法将 ID 为 1 的用户年龄值设置为 18，那么无论调用多少次这个方法，对服务端的影响都是将 ID 为 1 的用户年龄值设置为 18。

表 5-2 展示了常用 HTTP 方法的安全性和幂等性。

表 5-2　HTTP 方法的安全性与幂等性

HTTP方法	安　全　性	幂　等　性	接　口　说　明
GET	安全	幂等	获取资源（Read）
POST	不安全	非幂等	创建资源（Create）
PUT	不安全	幂等	更新资源（Update）
DELETE	不安全	幂等	删除资源（Delete）

> 安全性与幂等性依赖于服务端实现，这种方式是一种契约，并不是说将一个删除操作的接口设置为 GET 请求（它依然具备安全性），而是说对应类型的请求在实现的时候要符合它们的安全性、幂等性约定。

5.1.4　协议版本

在前面介绍报文的时候，你可能已经发现了，不管是请求还是响应，里面都有一个值——HTTP/1.1。这个值主要用来说明当前请求/响应使用的是 HTTP 的哪个版本。HTTP 发展至今，经历了几个版本的更迭，一直在进化，在成长。前面示例中用的是目前最为流行的 HTTP/1.1。除了这个版本，在这个版本之前还有 HTTP/0.9、HTTP/1.0，之后还有 HTTP/2.0。接下来我们来看看它们之间的异同。

HTTP/0.9

这个版本只能算作一个原型版本，诞生于 1991 年。它非常简陋，并且存在严重的设计缺陷。它只支持 GET 请求，没有 Header（也就是我们上面说的首部），其设计初衷就是为了从服务器中获取简单的 HTML 对象。好在后面很快就被 HTTP/1.0 取代了。

HTTP/1.0

HTTP/1.0 算是真正意义上的正式版本。这个版本设计已经非常良好与完善了，后面也得到了广泛的应用。HTTP/1.0 在之前版本的基础上增加了 Header、状态码的支持，并且支持更多的 HTTP 方法，还加入了对多媒体格式和缓存的支持。

HTTP/1.1

HTTP/1.1 是目前应用最广泛的版本，在 HTTP/1.0 的基础上进行了进一步的完善。该版本最大的变化是引入了持久连接，使得建立一次连接可以发送多次 HTTP 请求，提高了资源利用率。同时，增加的 PUT、PATCH、DELETE 方法对后来 RESTful 的发展也有一定的促进作用。另外，Header 中还增加了 Host 字段，使得同一主机可以提供多个服务。

HTTP/2.0

HTTP/2.0 目前还没有得到广泛的应用，但这只是时间问题而已。这个版本主要在性能方面进行了优化，将所有数据都改为二进制格式进行传输（之前基本上都是字符串），并且对首部内容进行了压缩传输。此外，还增加了双工模式，使得客户端可以在一个 HTTP 连接中同时发送多个请求，服务端也可以同时处理多个请求。HTTP/2.0 还增加了一个新特性——服务器推送（Server Push），即由服务器主动发起的操作，这一特性很适合静态资源（如 CSS、JS 等）的加载。

> 说起 HTTP，有这样一个现象：前端工作人员认为 HTTP 应该是后端工作人员掌握的知识，后端工作人员认为 HTTP 应该是前端工作人员掌握的知识。对此，HTTP 表示"我招谁惹谁了？"那么，HTTP 究竟是谁应该掌握的呢？我认为，每个程序员都应该了解 HTTP。

5.2 接口代言人 Swagger

为什么还不介绍 RESTful？别急！这里引出 Swagger 有两个原因：一个是为了填补第 4 章中挖的"坑"，如果不记得，可以回去看一下（4.2 节结尾处）；另一个是后续的内容需要用到 Swagger。下面我们先看看 Swagger 是什么。

Swagger 是一款用于生成、描述、调用和可视化 RESTful 风格的 Web 服务接口文档的框架。由于其最大的特点莫过于可以使接口文档与代码实时同步，所以我把 Swagger 称为接口代言人。

Java Web 从最开始的 JSP 到后来加入的 AJAX 异步交互，再到现在的前/后端分离，后端工作人员从一开始包揽 HTML、JS、Java 代码到现在更加专注于后端业务逻辑。随着开发模式的演变，前/后端工作人员的分工越来越精细，联系也越来越松散。这时接口文档便成了连接前/后端的关键纽带。最初，通常的做法是将接口文档写在公司内部的 Wiki 上（如 Confluence）。但这种做法的致命缺点就是接口文档几乎永远都会落后于实际代码实现，让我们的开发工作无法顺畅地进行下去。为了解决这些问题，Swagger 应运而生。Swagger 不仅可以实时展示接口信息，还可以对接口进行调试。下面让我们一起走进 Swagger 的"世界"。

5.2.1 整合

要使用 Swagger，首先需要添加 Swagger 对应的依赖：

```xml
<dependency>
    <groupId>io.springfox</groupId>
    <artifactId>springfox-boot-starter</artifactId>
    <version>3.0.0</version>
</dependency>
```

然后需要添加 Swagger 的基础配置：

```java
@EnableOpenApi
@Configuration
public class SwaggerConfig {
    @Bean
    public Docket createRestApi() {
        return new Docket(DocumentationType.OAS_30)
            .apiInfo(apiInfo())
            .select()
            .apis(RequestHandlerSelectors.withMethodAnnotation(Api.class))
            .paths(PathSelectors.any())
            .build();
    }

    private ApiInfo apiInfo() {
        return new ApiInfoBuilder()
            .title("Spring Boot 实战")
            .description("Spring Boot 实战的 RESTFul 接口文档说明")
            .contact(new Contact("刘水镜", "https://liushuijinger.****.csdn.net", "liushuijinger@163.com"))
            .version("1.0")
            .build();
    }
}
```

> .apis(RequestHandlerSelectors.withMethodAnnotation(Api.class))这行代码用于告诉 Swagger 扫描带有 @Api 注解的类。我们可以将 Api.class 替换成 ApiOperation.class，以告诉 Swagger 扫描带有@ApiOperation 注解的方法。当然，还可以使用 basePackage 方法配置 Swagger 需要扫描的包路径。

最后需要在接口上添加一些 Swagger 的注解：

```java
@RestController
@RequestMapping("/rest")
@Api(tags = "RESTful 接口")
public class RestFulController {

    @GetMapping("/swagger")
    @ApiOperation(value = "Swagger 接口")
```

```
    public String swagger() {
        return "Swagger Method";
    }

}
```

5.2.2 效果

经过以上 3 个步骤，Swagger 就被集成到我们的工程里了。现在启动工程，然后访问 http://localhost:8080/swagger-ui/index.html。如果看到如图 5-2 所示的效果，就说明我们的 Swagger 已经配置成功。

图 5-2　Swagger 页面

Swagger 页面分为两部分，上面是接口的基本信息，包含了项目名称、描述等信息；下面是每个接口的具体描述，如接口名字、参数名字、参数类型、是否必填等，还有返回的结果示例。

单击对应的接口，可以看到接口的详细描述，还可以调用该接口，并查看返回值。接口的用法很简单，一看就会，这里就不赘述了。

5.2.3 常用注解

表 5-3 所示为 Swagger 常用的 5 个注解。

表 5-3　Swagger 常用的 5 个注解

注　　解	作 用 域	说　　明
@Api	类	标识类为Swagger资源（Controller）
@ApiParam	参数	描述接口参数
@ApiOperation	方法	描述接口方法
@ApiModel	类	描述接口实体类（通常为参数或返回值）
@ApiModelProperty	属性/方法	描述接口实体属性

在前面的例子中，我们使用了@Api、@ApiOperation 两个注解。另外三个注解主要用于接口参数或返回值的数据类上。例如：

```
@Data
@ApiModel("用户信息")
public class User {

    @ApiModelProperty("用户ID")
    private int id;
    @ApiModelProperty("名字")
    private String name;
    @ApiModelProperty("年龄")
    private int age;
    @ApiModelProperty("邮箱")
    private String email;
    @ApiModelProperty("生日")
    private LocalDate birthDay;
}
```

5.2.4　增强版

Swagger 作为接口文档来说已经非常好了，如实时更新、接口说明、参数及返回值示例等一应俱全。但它在使用体验和调试接口方面有些弱。幸运的是，有一款增强版的工具能够弥补原生 Swagger 的不足——knife4j。

要使用 knife4j 也非常简单，和集成 Swagger 没有太大区别，只需要将依赖替换成如下内容即可：

```xml
<dependency>
    <groupId>com.github.xiaoymin</groupId>
    <artifactId>knife4j-spring-boot-starter</artifactId>
    <version>3.0.2</version>
</dependency>
```

> 使用 knife4j 时，记得删除之前的 Swagger 依赖，因为 knife4j 依赖已经包含了 Swagger 依赖。

修改完依赖后，就完成了升级。启动工程并访问 knife4j 的默认地址（http://localhost:8080/doc.html），你将会看到如图 5-3 所示的效果。

图 5-3　修改依赖后的 knife4j 效果

除了 Swagger 的基础功能，knife4j 还有很多增强功能，如全局参数、请求参数缓存、接口排序、导出离线文档等非常实用的功能。总体来说，这款 Swagger 的增强工具非常不错，强烈推荐读者试一试。

5.3　解密 REST

经过上面对 HTTP 和 Swagger 的学习，我们已经具备了学习 REST 的前置知识，并掌握了基本工具。接下来，本章的"主角"就要登场了。

5.3.1　REST 定义

REST 是 Representational State Transfer 的缩写，翻译为中文就是"表现层状态转换"，是 Roy Thomas Fielding 于 2000 年在他的博士论文中提出来的一种互联网软件架构风格。

以上是关于 REST 的解释，如果你通过以上的描述理解了 REST 是什么，那么你可以合上这本书了。假如你没理解，那么我非常欢迎你继续阅读这本书。

> Roy Thomas Fielding 是何许人也呢？他是 HTTP 协议（1.0 版和 1.1 版）的主要设计者，Apache 服务器软件的作者之一，Apache 基金会的第一任主席。所以，当他提出 REST 的概念时，能够迅速引起业界的高度关注也就不足为奇了。

资源

"表现层状态转换"的说法比较抽象，实际上，"表现层"指的是"资源"的表现层（可能 Roy Thomas Fielding 觉得 RREST 看起来不如 REST 好看，所以省略了 Resource）。那么我们首先需要弄明白，这里的"资源"指的是什么。实际上，"资源"的范围比较宽泛，比如一个文件（图片、文档、音乐等）、一条数据（用户信息、订单等）都可以被看作资源（每个资源都有一个对应的 URI）。我们在学习面向对象编程的时候，应当都听过一句"五字真言"——万物皆对象。这里可以将其拿过来套用一下，即万物皆资源。

表现层

Representational 被翻译成表现层，其实我认为叫"表现形式"会更容易理解。简单来说，就是资源以什么样的形式来展现自己——例如，文本可以是 JSON 或 XML 格式的，图片可以是 JPEG 或其他格式的。所以，我们现在将 REST 翻译成"资源表现形式的状态转换"，接下来我们来理解一下这个状态转换。

状态转换

我们对 REST 的翻译进化到了"资源表现形式的状态转换"，比起"表现层状态转换"好像清晰了一些，但总觉得哪里不太对。这个"状态转换"还是不好理解。这里有两个问题：一个是表面上的，即状态转换是什么；另一个是隐含的，即状态转换是如何产生的。

先来解决第一个问题，"状态转换"这个词太学术了，举个例子就明白了。首先创建一个 User 类：

```
@Data
@AllArgsConstructor
public class User {
    private String name;
    private int age;
}
```

然后创建一个 user 对象：

```
User user = new User("小白", 18);
```

接下来将 user 对象的年龄修改成 19：

```
user.setAge(19);
```

这个修改年龄的操作让 user 对象的状态发生了转换，也就是说，状态转换说的是资源发生了变化。第一个问题解决了，下面我们来看第二个问题——状态转换是如何产生的？要解决这个问题，需要用到 Roy Thomas Fielding 的另一个身份——HTTP 协议的设计者。这个问题跟 HTTP 协议有着密切的关系。还记得 HTTP 中的 GET、POST、PUT、DELETE 这 4 个方法吗？"资源"的状态转换正是由 HTTP 的各种动作（方法）所引起的。

至此，REST 的翻译就变成了"资源以某种表现形式在 HTTP 方法的作用下发生变化"。这样一来，意思就比较明显了，转换其实就是发生了变化，就是改变的意思。而资源的状态发生了改变，其实就是说资源被修改了，也就是 REST 数据操作的另一种叫法。其实，REST 的核心不仅仅是对数据的操作，还包括如何操作，以什么样的规范操作。后面会通过具体的例子来进一步说明 RESTful API 到底是什么样的。

5.3.2 RESTful

我们从概念层面对 REST 风格有了一定的了解，在学习如何设计 RESTful API 之前，需要弄明白为什么需要 REST 风格的 API。

很久以前，后端工作人员不仅需要 Java 功底扎实，还需要熟练掌握 HTML、CSS、JS、JSTL、EL 表达式等前端技术，此外，对 EasyUI、jQuery、dwz 等技术用得也是相当顺手。随着 Angular、React、Vue 等前端框架的崛起，以及移动互联网的迅猛发展，前/后端分离的开发模式逐渐占据了主流。这些跟 RESTful 有什么关系呢？前/后端分离，移动互联网的爆发，导致后端服务不仅要为 Web 端提供支持，还要为移动端（如 Android、iOS 等）提供支持，那么对 API 的设计就显得格外重要了。API 需要多端共享、多端统一，否则就会给后期的维护和扩展带来重大的灾难。这个时候，RESTful 凭借它结构清晰、易于理解、方便扩展的特性成了设计良好 API 的不二之选。

5.3.3 RESTful 实践

前面介绍了很多关于 REST 的内容，那么 RESTful 风格的 API 究竟是什么样的呢？下面我们通过几个实例体会一下。

RESTful 风格的 API 要满足以下要求：
- 用 URI 定位资源
- URI 由名词组成
- 使用 HTTP 方法操作资源

上面的描述比较抽象，相信你通过表 5-4 会有更清晰的认识。

表 5-4 接口风格对比

接　　口	非RESTful	RESTful
获取用户	/getuser	GET /user/1
新增用户	/createuser	POST /user
更新用户	/updateuser	PUT /user
删除用户	/deluser	DELETE /user/1

获取数据

接下来我们编写一个 RESTful 风格的接口。获取一个 ID 为 1 的用户信息，可以像下面这样使用 RESTful 风格来编写：

```
GET "http://localhost:8080/rest/user/1"
```

> 有了 Swagger，就不用每次在浏览器中输入接口地址了！

其中，http://localhost:8080/rest/user/1 用来定位 ID 为 1 的用户（资源）；GET 是 HTTP 的一个方法，用来表示获取、查询；请求/user/1 也都是由名词组成的。

对应的代码很简单，我们在第 4 章已经接触过了，后台代码的实现大致如下：

```
@GetMapping("/user/{id}")
@ApiOperation(value = "根据id获取用户信息")
public User get(@PathVariable int id) {
    User user = new User();
    user.setId(id);
    user.setName("ID为"+id+"的用户");
    user.setAge(18);
    user.setEmail("shuijing@mail.com");
    return user;
}
```

通过这个例子，我们对 RESTful 风格的接口有了更加形象的认识。上面演示了一个查询数据的操作，同时通过前面讲解的 HTTP 部分，我们知道对数据的基本操作有 4 种——增删改查（CRUD）。HTTP 中也有 4 个方法——GET（查询）、POST（新增）、PUT（更新）、DELETE（删除）对应这 4 种操作。下面我们来补齐剩下的 3 个方法。

新增数据

使用 HTTP 的 POST 方法新增数据：

```
POST "http://localhost:8080/rest/user"
Content-Type: application/json
```

Content-Type 就是我们前面提到的表现形式。

POST 方法参数通常会被放到请求体（RequestBody）中，以 Content-Type 中的格式（JSON）提交到服务端：

```
{
    "age": 10,
    "birthDay": "2020-12-27",
    "email": "shuijing@mail.com",
    "name": "shuijing"
}
```

使用@RequestBody 注解接收前端传来的参数：

```
@PostMapping("/user")
public boolean create(@RequestBody User user) {
    if (user != null) {
        return true;
    }
    return false;
}
```

更新数据

使用 HTTP 的 PUT 方法更新数据：

```
PUT "http://localhost:8080/rest/user"
Content-Type: application/json
```

PUT 方法与 POST 方法很相似，但请求参数稍有不同，除了要更新的值，我们还要指定一个唯一字段（如 id），用于告诉服务器需要更新哪条数据：

```
{
    "id": 1,
    "age": 20,
    "birthDay": "2010-12-27",
    "email": "shuijing@mail.com",
    "name": "shuijing"
}
```

服务端的代码实现几乎与 POST 方法一样：

```
@PutMapping("/user")
public boolean update(@RequestBody User user) {
    if (user != null) {
        return true;
    }
    return false;
}
```

> PATCH 方法也用于更新数据，但两者语义略有不同。PUT 方法用于整体更新，PATCH 方法用于局部更新。

删除数据

使用 HTTP 的 DELETE 方法删除数据：

```
DELETE "http://localhost:8080/rest/user/1"
```

服务端的代码实现几乎与 GET 方法一样：

```
@DeleteMapping("/user/{id}")
public boolean delete(@PathVariable int id) {
    if (id > 0) {
        return true;
    }
    return false;
}
```

通过学习上面的内容，相信你对 REST 的设计风格已经有了一个比较清楚的认识，当有人再问你："有 Free Style 吗？"你可以告诉他："我有 REST Style。""纸上得来终觉浅"，想要更好地掌握 REST Style，还需要多加实践。

5.4　URL 与 URI

不知道你有没有注意到，上面描述 REST 规范的时候用的是 URI，而不是我们更为熟悉的 URL。它们两个有什么区别和联系呢？想要弄清楚它们之间的关系，需要引入第三方——URN。这里我们不过多介绍，只是简单说明 URI 和 URL 的关系。

- **URI**：Uniform Resource Identifier，统一资源标识符
- **URL**：Uniform Resource Locator，统一资源定位符
- **URN**：Uniform Resource Name，统一资源名称

5.4.1　关系

我们先不管它们 3 个具体是什么，先来看看它们之间的关系，如图 5-4 所示。

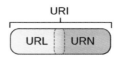

图 5-4　URI、URL、URN 之间的关系

由图 5-4 可知，URL 和 URN 都是 URI 的子集。换句话说，就是所有的 URL 和 URN 都可以称为 URI。

RFC3986 中有一句话：A URI can be further classified as a locator, a name, or both. 这句话更明确地说明了它们之间的关系。

5.4.2 区别

现在我们知道，所有的 URL 和 URN 都是 URI，那么，URL 和 URN 有什么区别呢？其实它们的区别就隐藏在名称的最后一个单词里。

- URL：Uniform Resource Locator
- URN：Uniform Resource Name

Locator 表示定位符；Name 表示名称。两者都是对资源的唯一描述（在指定范围内），但 URN 只是对资源的描述，而通过 URL 可以直接找到资源。下面通过一个例子来更形象地体会一下：

```
1. http://epub.cnipa.gov.cn/patent/CN111106939A
2. CN111106939A
```

第 1 条是我之前写的一个专利的线上地址，属于 URL。它是唯一的，并且可以通过它找到对应的专利信息。

第 2 条是专利编号，属于 URN。虽然它也是唯一的，但是并不能通过它直接定位到该专利。

5.5 要点回顾

- 每个开发者都应该懂一点 HTTP
- 报文分为请求报文和响应报文，由起始行、首部和主体组成
- knife4j 是一款非常棒的 Swagger 增强工具
- RESTful 风格的接口由 URI 定位资源，使用 HTTP 方法操作资源，且 URI 由名词组成
- 所有的 URL 和 URN 都是 URI
- URL 能够定位资源，而 URN 不能

第6章

与持久化有关的那些事儿

> 数据库中的持久化指的是数据的生命周期比程序的执行周期更长。

持久化就是指将数据存储得尽可能长久,至于多久没有限制,但至少要久于程序的运行周期(即程序退出后,数据仍然要在)。在通常情况下,持久化就是将数据写入硬盘中,以达到长期存储的目的。

从结绳记事、甲骨文到竹简、纸张,再到如今的磁盘、硬盘,随着时代的变迁,数据的存储介质技术也在不断进化。不管是容量还是存储的安全性和持久性,都发生了质的变化。

我们为什么要想方设法地长久存储数据呢?因为数据非常重要!如今,人们每天都在产生数据,也越来越离不开数据,如看过什么电影、听过什么音乐、去过什么地方等。这些数据就是我们的电子记忆。

所谓"硬盘有价,数据无价",数据对于一个企业的重要性不言而喻。试想一下,如果腾讯的用户数据丢失会出现什么后果?可能你跟很多人就此断了联系。也许这对你的影响不算太大,那么再试想一下,如果支付宝或者银行的数据丢失会出现什么后果?想到这里,真为我那两位数的存款捏一把汗!

6.1 发展

持久化操作(对数据库的操作)一直都是 Java 的核心内容,并且在 Java 的发展历史中,数据库持久化层面的技术也在不断地发展与更新。

JDBC(Java Database Connectivity)是 Java 中访问数据库的规范,由 Sun 公司

（2009年被Oracle收购）制定。原生的JDBC代码臃肿、冗余、非常难用，使得Java EE在当时备受质疑，所以Sun公司推出了EJB。现在已经很少有人提及EJB（当年靠着Sun公司的力捧名噪一时）了，这是因为EJB太重量级、太难用，很快就被Hibernate所取代（事实再一次告诉我们，"打铁还需自身硬"）。

Hibernate凭借自身强大的功能迅速走红，与Struts和Spring组成了当时风靡一时的SSH组合。后来，Sun公司借鉴了Hibernate的设计思路，制定了JPA（Java Persistence API）规范。在Hibernate后来的版本中，也实现了对JPA的完全支持。这也使得Hibernate在当时进一步巩固了自己在持久层框架的"霸主"地位。

走JPA路线的Hibernate发展得"风生水起"，但JDBC并没有因此"沉沦"。随着互联网的发展，尤其是移动互联网的飞速扩展，MyBatis（基于JDBC的轻量级持久层框架，前身是iBatis）凭借其简单、高效、灵活等特点迅速成为新时代的"宠儿"。

6.2 派系之争

目前，Java的持久层框架分为两派：一派是以Hibernate为代表的JPA路线；另一派是以MyBatis为代表的JDBC路线。两派在"江湖"上都有很多拥护者，而业界对于两者孰好孰坏的争论也从未停止过。通过图6-1和图6-2，我们可以直观地感受一下两者在国内和国外的关注度。

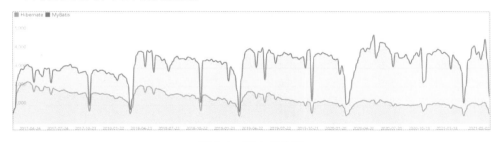

图6-1 国内关注度

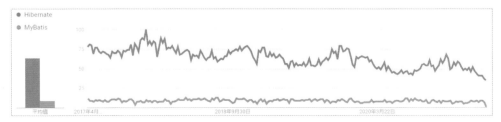

图6-2 国外关注度

通过上面两张图，我们可以发现一个有意思的结果：国内和国外对于两者的关注度正好相反，国内更关注 MyBatis，而国外则更关注 Hibernate。

我们再来看一组数据，如图 6-3 所示。

图 6-3　全球按区域对比细分数据

可以看出，亚洲地区普遍更关注 MyBatis，而欧美地区更关注 Hibernate，这很有意思。

Hibernate 实现了 JPA 规范，而 MyBatis 则是基于 JDBC 的进一步封装；Hibernate 更关注实体，而 MyBatis 则更关注表。Hibernate 对数据库的操作封装得极好，几乎完全屏蔽了不同数据库之间的差异，如果需要进行数据库迁移，也毫不费力。MyBatis 则更加灵活多变，对于 SQL 优化更加友好。JPA 与 JDBC 的对比如图 6-4 所示。

图 6-4　JPA 与 JDBC 的对比

这样的对比不禁让我想起了《笑傲江湖》小说中的"气宗"和"剑宗"（见图 6-5）。当年，气宗和剑宗为了证明自己的理念正确，相约玉女峰之上比剑，最后斗得两败俱伤。

图 6-5　气宗 vs 剑宗

JPA 和 MyBatis 就像气宗和剑宗一样，气宗并非不练剑招，剑宗也并非不练内功，只不过两者的侧重点不同而已。那一晚，华山派在药王庙集体被困，提不起半点内力的令狐冲凭借着精妙的"独孤九剑"连败两名剑宗高手——丛不弃和封不平，后来又以一招"破箭式"刺瞎 15 名黑衣蒙面人的眼睛而一战成名。

身怀"紫霞神功"的气宗传人岳不群被敌人所擒，而内力尽失的令狐冲却凭借刚学会不久，甚至还不太熟练的"独孤九剑"就将强敌一一击溃。这难道说明剑宗的理念远远超过气宗的理念吗？很明显，不是的。令狐冲能够取胜主要有两个原因：一是"独孤九剑"招式奇特，打了对手一个措手不及；二是对手虽然武功不错，但也绝非顶尖高手。令狐冲后来成为顶尖高手，还是因为他兼具了深厚的内力和精妙的剑法，这两者缺一不可。所以，我们也不用争论是 Hibernate 好，还是 MyBatis 棒，都学好才是硬道理！

6.3 Spring Data JPA

6.3.1 简介

Spring Data 的宗旨是在 Spring 环境的基础上，建立一套既有统一风格，又保留底层数据存储特性的数据访问编程模型。

Spring Data 让数据访问技术（例如，关系型和非关系型数据库、MapReduce 框架及基于云的数据服务）变得更加容易。Spring Data 是一个聚合项目，包括很多子项目。Spring Data JPA 就是其中之一。

Spring Data 组件

以下是 Spring Data 已经发布的相关组件：

- Spring Data Commons
- Spring Data JPA
- Spring Data KeyValue
- Spring Data LDAP
- Spring Data MongoDB
- Spring Data Redis
- Spring Data REST
- Spring Data for Apache Cassandra
- Spring Data for Apache Geode
- Spring Data for Apache Solr
- Spring Data for Pivotal GemFire
- Spring Data Couchbase（社区）
- Spring Data Elasticsearch（社区）
- Spring Data Neo4j（社区）

> 这些项目中很多都是由 Spring 团队和对应技术的第三方公司一起开发的。

通过名字，我们基本上就能知道这些组件的具体用途了。我们不再过多介绍这些组件了，重点来讨论 Spring Data JPA。

主要功能特性

Spring Data JPA 具有非常强大的功能和很好的易用性，其主要的功能特性如下：

- 丰富的数据操作和自定义对象映射抽象
- 基于方法名衍生出的动态查询
- 使用基类封装公共属性
- 无感知的自动审计
- 支持自定义数据操作
- 可以非常方便地与 Spring Boot 集成（使用 JavaConfig 或 XML）
- 可以通过配置与 Spring MVC 进行集成
- 跨存储持久化的实验性支持

这里我们先对 Spring Data JPA 有一个总体认识，然后在接下来的内容里慢慢展开。

常用注解

先来熟悉一下 Spring Data JPA 中的常用注解，如表 6-1 所示。

表 6-1　Spring Data JPA 中的常用注解

注　解	作　用	来　源
@Entity	定义实体类	JPA
@Table	定义数据库表	JPA
@Id	定义数据库表的id	JPA
@Index	定义数据库表的索引	JPA
@GeneratedValue	定义id生成策略	JPA
@Column	定义数据库表字段	JPA
@Transient	指定实体类中不与表关联的属性	JPA
@Query	自定义JPQL或原生SQL	Spring Data
@Param	与@Query配合使用，用于参数绑定	Spring Data
@Modifying	与@Query配合使用，用于更新、删除	Spring Data
@CreatedDate	创建时间，用于审计（自动填充）	Spring Data
@CreatedBy	创建人，用于审计（自动填充）	Spring Data
@LastModifiedDate	最后更新的时间，用于审计（自动填充）	Spring Data
@LastModifiedBy	最后更新的人，用于审计（自动填充）	Spring Data

在这些注解中，一部分是 JPA 中自带的，一部分是 Spring Data 中特有的。这里先简单了解一下它们，后面用到相应注解时，再详细讲解。

6.3.2 集成

经过一番介绍，我们可以动手实践一下了。

基础准备

Spring Data JPA 是持久层组件，所以在使用它之前，需要为我们的程序创建一个名称为 springboot 的库。当然，你也可以选择自己喜欢的名称，只需要记得将数据库连接配置成设置的名称即可。

添加依赖

添加 Spring Data JPA 依赖很简单，只需要一个 Starter 即可。除了 Spring Data JPA 依赖，我们还需要添加一个 MySQL 连接器的依赖：

```xml
<dependency>
    <groupId>org.springframework.boot</groupId>
    <artifactId>spring-boot-starter-data-jpa</artifactId>
</dependency>
<dependency>
    <groupId>mysql</groupId>
    <artifactId>mysql-connector-java</artifactId>
    <scope>runtime</scope>
</dependency>
```

添加配置

接下来需要增加一些配置，才能让我们的工程访问到数据库。在 application.yml 文件中添加如下配置：

```yaml
spring:
  # 数据库配置
  datasource:
    url: jdbc:mysql://127.0.0.1:3306/springboot?characterEncoding=utf8&useSSL=false&serverTimezone=UTC&characterEncoding=utf-8
    driver-class-name: com.mysql.cj.jdbc.Driver
    username: root
    password: 123456
  # JPA 配置
  jpa:
    hibernate:
      ddl-auto: update
```

```
            show-sql: true
            database-platform: org.hibernate.dialect.MySQL5InnoDBDialect

# Web 配置
server:
    port: 8080
    servlet:
        context-path: /springboot
        session:
            timeout: 60
```

数据库配置介绍如下。
- url：数据库地址与参数
- driver-class-name：连接数据库的驱动（来自上面的 mysql-connector）
- username：数据库用户名
- password：数据库密码

上面 4 项配置比较简单，稍微有点编程经验的人一看就能明白是什么，这里就不过多介绍了。

JPA 配置介绍如下。

show-sql 很简单，为 true 代表打印 SQL 语句，为 false 则代表不打印。

database-platform 也不难，用来指定使用哪种 MySQL 存储引擎，这里我们使用的是 InnoDB。

下面详细说一下 ddl-auto 这个配置，它有 4 个值可选，具体含义如下。
- create：程序每次启动都会重新创建表（程序启动时会执行 drop table if exists user 命令，所以会清除原有数据）
- create-drop：程序每次启动都会重新创建表，并在程序结束时删除表（程序结束前会执行 drop table if exists user）
- update：最常用的选项，如果表不存在，则会根据实体类生成表；如果表存在，则会通过对比实体类和表结构来判断是否需要更新表结构，原数据会被保留
- validate：程序每次启动都会验证表结构，如果不一致，则报错（抛出 SchemaManagementException 异常）

创建实体

经过上面的几个步骤，我们已经将 Spring Data JPA 集成到了项目中，接下来创建一个实体类来检验一下：

```
@Data
@Entity
@Table(indexes = {@Index(name = "uk_email",columnList = "email",unique = true)})
```

```java
public class User {

    @Id
    @GeneratedValue(strategy = GenerationType.IDENTITY)
    private Integer id;
    @Column(nullable = false,columnDefinition = "varchar(20) comment '姓名'")
    private String name;
    @Transient
    private int age;
    @Column(nullable = false,length = 50)
    private String email;
    private LocalDate birthDay;
}
```

注解说明

在 User 类中，我们使用了几个与 JPA 相关的注解——@Entity、@Table、@Index、@Id、@GeneratedValue、@Column、@Transient。

- @Entity 用来声明 User 是一个实体类
- @Table 可以通过 name 属性指定与实体类对应的表，如果我们的实体类和表名相同，那么可以省略。Indexes 属性和@Index 注解用来设置索引
- @Id 用来标识 id 字段为 user 表的主键
- @GeneratedValue 用来指定主键的策略，这里使用的是 MySQL 的自增主键
- @Column 可以对表字段进行详细配置，如是否可以为空、类型、长度、备注等
- @Transient 表示被修饰属性不映射到表，即生成的 user 表里不会有 age 字段

结果验证

至此，我们已经完成了整合 Spring Data JPA 的所有操作。接下来，我们来检验一下集成效果。启动程序，会在控制台看到如下日志：

```
Hibernate: create table user (id integer not null auto_increment, name
varchar(20) comment '姓名' not null, email varchar(50) not null,
birth_day date,
primary key (id)) engine=InnoDB
Hibernate: alter table user drop index uk_email
Hibernate: alter table user add constraint uk_email unique (email)
```

看到上面的日志输出后，说明 user 表被创建了。登录 MySQL，使用 show tables 命令验证一下：

```
mysql> show tables;
+----------------------+
| Tables_in_springboot |
+----------------------+
| user                 |
+----------------------+
1 row in set (0.00 sec)
```

我们看到，user 表已经被成功创建。接下来检查一下 user 表的结构是否符合我们的预期，使用 desc user 命令查看，结果如下：

```
mysql> desc user;
+-----------+-------------+------+-----+---------+----------------+
| Field     | Type        | Null | Key | Default | Extra          |
+-----------+-------------+------+-----+---------+----------------+
| id        | int         | NO   | PRI | NULL    | auto_increment |
| name      | varchar(20) | NO   |     |         |                |
| email     | varchar(50) | NO   | UNI | NULL    |                |
| birth_day | date        | YES  |     | NULL    |                |
+-----------+-------------+------+-----+---------+----------------+
4 rows in set (0.00 sec)
```

> age 字段使用 @Transient 注解修饰，所以不会在表中被创建。

所以，user 表的结构跟我们的 User 实体类一致。

在默认情况下，生成的表结构的字段顺序可能会与实体类里的属性顺序不一致，虽然不影响使用，但看起来会很别扭。解决方案很简单，首先在工程中的 src/man/java 目录下创建 org.hibernate.cfg 包，然后将 Hibernate 源码中的 InheritanceState.java 和 PropertyContainer.java 复制到该包中即可。这里使用自定义的顺序覆盖了 Hibernate 的实现，在随书源码中有注释，这里就不详细介绍了。

6.3.3 极简的 CRUD

完成基础环境的搭建后，接下来使用 Spring Data JPA 来完成基本的 CRUD 操作。

创建持久层接口

首先，创建 User 类的持久化接口 UserRepository：

```
public interface UserRepository extends JpaRepository<User, Integer> {

}
```

虽然我们不需要在 UserRepository 中编写任何代码，但是它已经可以帮助我们完成基础的 CRUD 操作了，真棒！

创建控制器

创建 UserController 类并实现 "增删改查" 4 个方法：

```java
@Api
@RestController
@RequestMapping("/users")
public class UserController {

    @Autowired
    private UserRepository userRepository;
    @ApiOperation(value = "根据 id 获取用户信息")
    @GetMapping("/{id}")
    public User get(@PathVariable int id) {
        return  userRepository.findById(id).get();
    }

    @ApiOperation(value = "创建用户")
    @PostMapping
    public User create(@RequestBody User user) {
        return userRepository.save(user);
    }

    @ApiOperation(value = "更新用户")
    @PutMapping
    public User update(@RequestBody User user) {
        return userRepository.save(user);
    }

    @ApiOperation(value = "删除用户")
    @DeleteMapping("/{id}")
    public void delete(@PathVariable Integer id) {
        userRepository.deleteById(id);
    }
}
```

> 在实际开发中，千万不要直接在 Controller 里使用 Dao 层接口！

查看效果

启动程序，登录 Swagger（http://localhost:8080/springboot/doc.html），找到"创建用户"接口，试着创建一个用户。

参数如下：

```
{
    "name": "小刘",
    "email":"xiaoliu@mail.com",
    "birthDay": "2011-01-01"
}
```

执行完成后,查看一下数据库,结果如下:

```
mysql> select * from user;
+----+------+------------------+------------+
| id | name | email            | birth_day  |
+----+------+------------------+------------+
| 1  | 小刘 | xiaoliu@mail.com | 2011-01-01 |
+----+------+------------------+------------+
1 rows in set (0.00 sec)
```

可以看到,数据被成功插入了数据库。恭喜!你已经使用 Spring Data JPA 完成了基本的 CRUD 操作。查询、更新和删除方法就不一一演示了,读者可以自行尝试一下。

6.3.4 分页、排序

如果想要执行分页、排序操作,那么应该怎么办呢?支持吗?必须的!而且比上面的操作还简单,不需要在 UserRepository 中添加任何内容,直接在 Controller 中调用即可:

```
@ApiOperation(value = "获取用户列表")
@GetMapping
public Page<User> list(@RequestParam(defaultValue = "id") String property,
        @RequestParam(defaultValue = "ASC") Sort.Direction direction,
        @RequestParam(defaultValue = "0") Integer page,
        @RequestParam(defaultValue = "10") Integer size) {

    Pageable pageable = PageRequest.of(page, size, direction, property);
    return userRepository.findAll(pageable);
}
```

> 页码是从 0 开始的。

打完收工!就是如此简单,两行关键代码就可以解决"战斗"!

这操作很 Spring Boot!它就是想让你专注于业务,而其他事务由它来帮你完成。

6.3.5 揭秘 JPA

经过学习前面的内容,相信你已经感受到了 Spring Data JPA 的强大与简洁。那么,它是如何做到的呢?从上面的代码中,我们知道 UserRepository 继承了一个接口——JpaRepository,那么想要弄清楚其中的关系,顺着 JpaRepository 这根"藤"必然会摸到我们想要的"瓜"。通过查看源码,我们发现了图 6-6 所示的 Repository 类图。

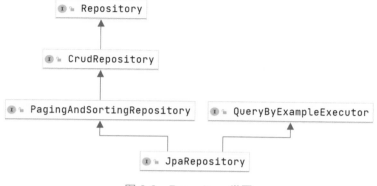

图 6-6 Repository 类图

其中，Repository 是一个空接口，不包含任何方法。接下来是 CrudRepository 接口，其源码如下：

```java
public interface CrudRepository<T, ID> extends Repository<T, ID> {
    // 保存，若不存在，则新增；若存在，则更新
    <S extends T> S save(S entity);
    // 批量保存
    <S extends T> Iterable<S> saveAll(Iterable<S> entities);
    // 根据 id 查询
    Optional<T> findById(ID id);
    // 根据 id 判断是否存在
    boolean existsById(ID id);
    // 查询所有
    Iterable<T> findAll();
    // 根据多个 id 查询
    Iterable<T> findAllById(Iterable<ID> ids);
    // 计数统计
    long count();
    // 根据 id 删除
    void deleteById(ID id);
    // 根据条件删除
    void delete(T entity);
    // 根据 id 列表批量删除
    void deleteAllById(Iterable<? extends ID> ids);
    // 根据条件批量删除
    void deleteAll(Iterable<? extends T> entities);
    // 全部删除
    void deleteAll();
}
```

通过源码，我们发现上面用到的 findById、save、deleteById 三个方法都来自 CrudRepository 接口。正是这个接口让 UserRepository 具备了基本的 CRUD 功能。

PagingAndSortingRepository 接口很简单，它的功能就像它的名字所描述的那样，负责排序和分页查询：

```
public interface PagingAndSortingRepository<T, ID> extends CrudRepository<T, ID> {

    // 带排序查询全部
    Iterable<T> findAll(Sort sort);
    // 带分页查询全部
    Page<T> findAll(Pageable pageable);
}
```

上面所说的分页功能就来自 PagingAndSortingRepository 接口。

JpaRepository 接口的功能最丰富，除了上面两个接口中的方法，还包括一些特有的方法。当然，它还继承了 QueryByExampleExecutor 接口，所以支持以 Example 的方式进行查询：

```
public interface JpaRepository<T, ID> extends PagingAndSortingRepository<T, ID>, QueryByExampleExecutor<T> {

    // 查询全部
    @Override
    List<T> findAll();
    // 带排序查询全部
    @Override
    List<T> findAll(Sort sort);
    // 根据多个 id 查询
    @Override
    List<T> findAllById(Iterable<ID> ids);
    // 批量保存
    @Override
    <S extends T> List<S> saveAll(Iterable<S> entities);
    // 将所有挂起的更改刷新到数据库
    void flush();
    // 保存并立即持久化
    <S extends T> S saveAndFlush(S entity);
    // 批量保存并立即持久化
    <S extends T> List<S> saveAllAndFlush(Iterable<S> entities);
    // 批量删除（已过时）
    @Deprecated
    default void deleteInBatch(Iterable<T> entities) {deleteAllInBatch(entities);}

    // 批量删除
    void deleteAllInBatch(Iterable<T> entities);
    // 根据 id 列表批量删除
```

```
    void deleteAllByIdInBatch(Iterable<ID> ids);
    // 全部删除
    void deleteAllInBatch();
    // （根据 id）查询一条数据，若查不到，则会抛出异常（已过时）
    @Deprecated
    T getOne(ID id);
    // 根据 id 查询
    T getById(ID id);
    // 根据全部符合条件的数据查询
    @Override
    <S extends T> List<S> findAll(Example<S> example);
    // 根据全部符合条件的数据（带排序）查询
    @Override
    <S extends T> List<S> findAll(Example<S> example, Sort sort);
}
```

通过查看源码，我们得知 UserRepository 的能力全部来自它的父接口。当然，这些接口只是对功能进行了定义，真正的实现是 Hibernate 完成的。Spring 通过一系列的代理、反射、SQL 组装、参数绑定，最终生成可执行的 DML 并发送到数据库中执行，然后将结果封装返回。

6.3.6 约定方法

虽然 UserRepository 含着"金钥匙"出生，生来就具备很多资源，但是它不能仅依靠那点家底儿闯荡"江湖"。想要家族能够长久兴旺，需要做好思想传承。UserRepository 一出生就开始接受良好的教育，学会了各种为人处世、待人接物的本领——约定方法。

这套本领可以让 UserRepository 的能力更上一层楼，比如，想按照名称中的关键字查询用户，只需要按照 Spring Data JPA 的规范在 UserRepository 中定义相应的接口。没错，就是只定义一个接口，不需要写实现。例如：

```
public interface UserRepository extends JpaRepository<User, Integer> {
    List<User> findByNameContaining(String name);
}
```

在 UserRepository 中加入上面这句代码，就完成了根据名称查询用户的功能。当然，我们需要在 Controller 里面调用一下：

```
@ApiOperation(value = "根据名称获取用户信息")
@GetMapping("/name")
public List<User> getByName(String name) {
```

```
        return userRepository.findByNameContaining(name);
}
```

这样就完成了,我们可以去 Swagger 上测试一下,就不在这里展示效果了。

Spring Data JPA 这套规则支持得非常完整,不管是 and、or、=、<、>还是 like、distinct、between、in 全都信手拈来。更多 Spring Data JPA 查询规则如表 6-2 所示。

表 6-2 Spring Data JPA 查询规则

关　键　字	例　　子	JPQL片段
Distinct	findDistinctByLastnameAndFirstname	select distinct … where x.lastname = ?1 and x.firstname = ?2
And	findByLastnameAndFirstname	… where x.lastname = ?1 and x.firstname = ?2
Or	findByLastnameOrFirstname	… where x.lastname = ?1 or x.firstname = ?2
Is,Equals	findByFirstname,findByFirstnameIs, findByFirstnameEquals	… where x.firstname = ?1
Between	findByStartDateBetween	… where x.startDate between ?1 and ?2
LessThan	findByAgeLessThan	… where x.age < ?1
LessThanEqual	findByAgeLessThanEqual	… where x.age <= ?1
GreaterThan	findByAgeGreaterThan	… where x.age > ?1
GreaterThanEqual	findByAgeGreaterThanEqual	… where x.age >= ?1
After	findByStartDateAfter	… where x.startDate > ?1
Before	findByStartDateBefore	… where x.startDate < ?1
IsNull	findByAgeIsNull	… where x.age is null
IsNotNull,NotNull	findByAge(Is)NotNull	… where x.age not null
Like	findByFirstnameLike	… where x.firstname like ?1
NotLike	findByFirstnameNotLike	… where x.firstname not like ?1
StartingWith	findByFirstnameStartingWith	… where x.firstname like ?1(后置 %)
EndingWith	findByFirstnameEndingWith	… where x.firstname like ?1(前置 %)
Containing	findByFirstnameContaining	… where x.firstname like ?1(双 %)
OrderBy	findByAgeOrderByLastnameDesc	… where x.age = ?1 order by x.lastname desc
Not	findByLastnameNot	… where x.lastname <> ?1
In	findByAgeIn(Collection ages)	… where x.age in ?1

续表

关 键 字	例 子	JPQL片段
NotIn	findByAgeNotIn(Collection ages)	… where x.age not in ?1
True	findByActiveTrue()	… where x.active = true
False	findByActiveFalse()	… where x.active = false
IgnoreCase	findByFirstnameIgnoreCase	… where UPPER(x.firstame) = UPPER(?1)

6.3.7 自定义

你可能觉得 UserRepository 通过遗传（继承）和后天接受的教育（约定方法）具备的技能已经足够多了。但要想在瞬息万变的世界里活得游刃有余，学习和适应的能力是至关重要的。Spring Data JPA 通过支持自定义 JPQL 和 SQL，让 UserRepository 具备了这个能力。

- JPQL（Java Persistence Query Language）
- SQL（Structured Query Language）

从使用角度来看，两者非常相近，只有一些语法和部分功能之间的差别。JPQL 最突出的特点就是以 Java Bean 为操作对象，遵循 JPA 规范，屏蔽了数据库之间的差异，使同一套代码可以用在任意数据库上；而 SQL 方式是以表为操作对象的，因此可以使用某种数据库特有的功能，比如某个 MySQL 独有的功能，但是切换到 Oracle 时就不能使用了，这一点需要注意。

下面我们看一下这两种方式的具体使用方法。

JPQL

示例代码如下：

```
public interface UserRepository extends JpaRepository<User, Integer> {
    @Query("select u from User u where u.birthDay = ?1")
    List<User> findByBirthDay(LocalDate birthDay);
}
```

我们注意到，from 后面的是 User，而不是 user；where 后面的是 birthDay，而不是 birth_day。这说明它查询的目标不是表，而是实体类。

> JPQL 不支持新增操作，如果需要执行新增操作，那么可以使用 save 方法或者使用原生 SQL 的方式。

原生 SQL

示例代码如下：

```
public interface UserRepository extends JpaRepository<User, Integer> {
    @Query(value = "select * from user where birth_day =:birthDay", nativeQuery = true)
    List<User> findByBirthDayNative(@Param("birthDay") String birthDay);
}
```

这种方式就很简单了，就是使用标准的 SQL 语句，不过需要将@Query 注解的 nativeQuery 属性设置为 true。

两个例子使用了不同的传参方式，第一种是占位符的方式，可以根据顺序匹配参数；第二种是按名称匹配，规则很简单，只要":"后面的参数名和@Param 里的值一致，就会匹配。不管是 JPQL 还是原生 SQL，都可以使用这两种方式传参。

更新和删除操作需要使用@Modifying 和@Transactional 注解，例如：

```
public interface UserRepository extends JpaRepository<User,Integer> {
    @Modifying
    @Transactional
    @Query(value = "delete from User")
    int delete();
}
```

如果没有使用@Modifying 注解，则会报如下错误：

```
java.sql.SQLException: Can not issue data manipulation statements with
    executeQuery()
```

如果没有使用@Transactional 注解，则会报如下错误：

```
javax.persistence.TransactionRequiredException: Executing an update/delete query
```

6.3.8 审计

业务数据的插入时间、最后更新时间、创建人及最后更新人的记录对每个系统都很重要，但如果每次操作时都需要手动记录这些信息，就会非常枯燥且烦琐。作为一个成熟的持久层框架，Spring Data JPA 应该学会自己审计了。

Spring Data JPA 很明显算得上是一个成熟的持久层框架。因此，它将上面这种"脏活、累活"都替我们做了。现在 UserRepository 身上又增加了一项"吃苦耐劳"的品质，真是太完美了！

开启审计

开启审计功能很简单,需要先在主类上添加一个 @EnableJpaAuditing 注解:

```
@EnableJpaAuditing
@SpringBootApplication
public class JpaApplication {

    public static void main(String[] args) {
        SpringApplication.run(JpaApplication.class, args);
    }

}
```

封装公共字段

审计信息是公共的,即每张业务表都需要。然而我们没有必要为每个实体类都编写一遍,最好的方式是将其封装到一个类里,让其他实体类都继承这个基础类:

```
@Data
@MappedSuperclass
@EntityListeners(AuditingEntityListener.class)
public abstract class BaseEntity {

    @CreatedBy
    @Column(updatable = false)
    private String creator;
    @LastModifiedBy
    private String modifier;
    @CreatedDate
    @Column(updatable = false)
    private LocalDateTime createTime;
    @LastModifiedDate
    private LocalDateTime updateTime;
}
```

@Column(updatable = false)将字段设置为不可修改的,效果类似于 Java 中使用 final 关键字修饰变量,只允许一次赋值。创建人和创建时间只需插入一次,无须更新。

继承基类

User 类继承自 BaseEntity 类:

```
@Data
@Entity
@EqualsAndHashCode(callSuper = true)
```

```
@Table(indexes = {@Index(name = "uk_email",columnList = "email",unique = true)})
public class User extends BaseEntity{
    ...
}
```

实现审计接口

接下来需要实现一下获取当前用户（操作人）的接口：

```
@Component
public class AuditorAwareImpl implements AuditorAware<String> {

    @Override
    public Optional<String> getCurrentAuditor() {
        // 添加一个随机数
        return Optional.of("管理员" + (int) (Math.random() * 10));
    }
}
```

> 这里是写在代码里的，只需要在实际应用中替换成对应的代码即可。

重新启动应用，可以看到控制台打印出类似如下的日志：

```
Hibernate: alter table user add column creator varchar(20)
Hibernate: alter table user add column modifier varchar(20)
Hibernate: alter table user add column create_time datetime
Hibernate: alter table user add column update_time datetime
```

这代表我们的 user 表添加了审计相关的字段，接下来到数据库中验证一下：

```
mysql> desc user;
+-------------+-------------+------+-----+---------+----------------+
| Field       | Type        | Null | Key | Default | Extra          |
+-------------+-------------+------+-----+---------+----------------+
| id          | int         | NO   | PRI | NULL    | auto_increment |
| name        | varchar(20) | NO   |     | NULL    |                |
| email       | varchar(50) | NO   | UNI | NULL    |                |
| birth_day   | date        | YES  |     | NULL    |                |
| creator     | varchar(20) | YES  |     | NULL    |                |
| modifier    | varchar(20) | YES  |     | NULL    |                |
| create_time | datetime    | YES  |     | NULL    |                |
| update_time | datetime    | YES  |     | NULL    |                |
+-------------+-------------+------+-----+---------+----------------+
8 rows in set (0.00 sec)
```

最后，分别调用一下新增的和修改的接口，你会发现新增记录的时候，4 个审计字段会被自动插入值。同样地，更新记录的时候，更新时间和更新人也会被自动修改。

6.4 MyBatis Plus

MyBatis Plus？我们知道，数码圈喜欢使用 Plus，什么时候技术圈也流行使用 Plus 了，是不是还有 MyBatis Pro 或 MyBatis Ultra？其实不是这样的，那么 MyBatis Plus 到底是什么呢？

> MyBatis Plus（简称 MP）是一个 MyBatis 的增强工具，在 MyBatis 的基础上只做增强不做更改，为简化开发、提高效率而生。
>
> MyBatis Plus 要做的是成为 MyBatis 最好的搭档，就像"魂斗罗"中的 1P、2P，"哥俩搭配，效率翻倍"（见图 6-7）。

图 6-7　MyBatis Plus Logo

6.4.1　集成

Spring Boot 集成 MyBatis Plus 还是一如既往的简单、方便，只需要添加依赖和一些简单配置即可。

添加依赖

添加 MyBatis Plus 和 MySQL 驱动的依赖：

```xml
<dependency>
    <groupId>com.baomidou</groupId>
    <artifactId>mybatis-plus-boot-starter</artifactId>
    <version>3.4.2</version>
</dependency>
<dependency>
    <groupId>mysql</groupId>
    <artifactId>mysql-connector-java</artifactId>
    <scope>runtime</scope>
</dependency>
```

添加配置

数据库的配置信息如下：

```yaml
spring:
  # 数据库配置
  datasource:
    url: jdbc:mysql://127.0.0.1:3306/springboot? characterEncoding=utf8&useSSL=false&serverTimezone=UTC&characterEncoding=utf-8
    driver-class-name: com.mysql.cj.jdbc.Driver username: root
    password: 123456
```

> 相关配置已经在前面 Spring Data JPA 的内容中讲过了，这里不再赘述。

在主类上添加一个 Mapper 扫描的注解：

```java
@SpringBootApplication
@MapperScan("com.shuijing.boot.mbp.mapper")
public class MbpApplication {

    public static void main(String[] args) {
        SpringApplication.run(MbpApplication.class, args);
    }

}
```

至此，MyBatis Plus 就集成好了。

6.4.2 代码生成

使用 MyBatis Plus 的代码生成功能以后，你会发现自己基本不需要手写代码，MyBatis Plus 可以帮助我们生成大部分常用的代码。在默认情况下，可以省去 80%的代码编写量。如果加上自定义模板，那么可以省去 90%以上的代码编写量。

添加依赖

添加代码生成器和 FreeMarker 模板引擎的依赖：

```xml
<dependency>
    <groupId>com.baomidou</groupId>
    <artifactId>mybatis-plus-generator</artifactId>
    <version>3.4.1</version>
</dependency>
<dependency>
    <groupId>org.springframework.boot</groupId>
    <artifactId>spring-boot-starter-freemarker</artifactId>
</dependency>
```

> MyBatis Plus 还支持 Velocity 和 Beetl 模板引擎。

创建数据表

通过前面讲过的内容,我们知道了 **MyBatis** 是以表为核心的。使用如下建表语句创建一张 user 表:

```sql
CREATE TABLE `user`
(
    `id` int NOT NULL AUTO_INCREMENT COMMENT '主键 id',
    `name`       varchar(20) NOT NULL COMMENT '姓名',
    `email`      varchar(50) DEFAULT NULL COMMENT '邮箱',
    `birth_day`  date        DEFAULT NULL COMMENT '生日',
    `creator`    varchar(20) DEFAULT NULL COMMENT '创建人',
    `modifier`   varchar(20) DEFAULT NULL COMMENT '更新人',
    `create_time` datetime   DEFAULT NULL COMMENT '创建时间',
    `update_time` datetime   DEFAULT NULL COMMENT '更新时间',
    PRIMARY KEY (`id`),
    UNIQUE KEY `uk_email` (`email`)
) ENGINE = InnoDB
  DEFAULT CHARSET = utf8mb4 COMMENT '用户信息';
```

封装公共字段

将公共字段封装到基础实体类中,减少重复代码:

```java
@Data
@EqualsAndHashCode(callSuper = true)
public abstract class BaseEntity<T extends Model<T>> extends Model<T> {

    @TableId(value = "id", type = IdType.AUTO)
    private Integer id;
    @TableField(fill = FieldFill.INSERT)
    private String creator;
    @TableField(fill = FieldFill.INSERT)
    private LocalDateTime createTime;
    @TableField(fill = FieldFill.INSERT_UPDATE)
    private String modifier;
    @TableField(fill = FieldFill.INSERT_UPDATE)
    private LocalDateTime updateTime;
}
```

> 为后面的审计做好准备。

自定义代码生成配置

接下来就是代码生成的核心内容了。配置代码生成器:

```java
public class MysqlGenerator {
```

```java
    public static final String DATABASE_URL = 
"jdbc:mysql://127.0.0.1:3306/springboot?characterEncoding=utf8&useSS
L=false&serverTimezone=Asia/Shanghai";
    public static final String DATABASE_DRIVER = 
"com.mysql.cj.jdbc.Driver";
    public static final String DATABASE_USERNAME = "root";
    public static final String DATABASE_PASSWORD = "123456";
    public static final String OUT_PUT_PATH = "/06-mbp/src/main/java";
    public static final String TEMPLATES_MAPPER_XML_PATH = 
"/templates/mapper.xml.ftl";
    public static final String XML_PATH = 
"/06-mbp/src/main/resources/mapper/";    public static final String 
XML_POSTFIX = "Mapper";
    public static final String AUTHOR = "刘水镜";
    public static final String PARENT_PACKAGE = "com.shuijing.boot.mbp";
    public static final String[] SUPER_ENTITY_COLUMNS = {"id", 
"create_time","update_time", "creator", "modifier"};
    /**
     * <p>
     * 读取控制台内容
     * </p>
     */
    public static String scanner(String tip) {
        Scanner scanner = new Scanner(System.in);
        System.out.println("请输入" + tip + ": ");
        if (scanner.hasNext()) {
            String ipt = scanner.next();
            if (StringUtils.isNotBlank(ipt)) {
                return ipt;
            }
        }
        throw new MybatisPlusException("请输入正确的" + tip + "! ");
    }

    /**
     * RUN THIS
     */
    public static void main(String[] args) {
        // 代码生成器
        AutoGenerator mpg = new AutoGenerator();
        // 全局配置
        GlobalConfig gc = new GlobalConfig();
        String projectPath = System.getProperty("user.dir");
        gc.setOutputDir(projectPath + OUT_PUT_PATH);
        gc.setAuthor(AUTHOR);
        gc.setOpen(false);
        gc.setServiceName("%sService");
        gc.setBaseResultMap(true);
```

```java
        gc.setActiveRecord(true);
        gc.setBaseColumnList(true);
        gc.setSwagger2(true);
        gc.setFileOverride(true);
        mpg.setGlobalConfig(gc);

        // 数据源配置
        DataSourceConfig dsc = new DataSourceConfig();
        dsc.setUrl(DATABASE_URL);
        dsc.setDriverName(DATABASE_DRIVER);
        dsc.setUsername(DATABASE_USERNAME);
        dsc.setPassword(DATABASE_PASSWORD);
        mpg.setDataSource(dsc);
        // 包配置
        PackageConfig pc = new PackageConfig();
        // 如果不设置模块名，Controller 请求路径会多一个 "/"
        pc.setModuleName(null);
        pc.setParent(PARENT_PACKAGE);
        mpg.setPackageInfo(pc);
        // 自定义配置，可以设置自定义参数，然后在模板中使用
        InjectionConfig cfg = new InjectionConfig() {
            // 后面会用到
            @Override
            public void initMap() {
                Map<String, Object> map = new HashMap<>();
                map.put("parent", PARENT_PACKAGE);
                setMap(map);
            }
        };
        List<FileOutConfig> focList = new ArrayList<>();
        focList.add(new FileOutConfig(TEMPLATES_MAPPER_XML_PATH) {
            @Override
            public String outputFile(TableInfo tableInfo) {
                // 自定义输入文件名称
                return projectPath + XML_PATH + tableInfo.getEntityName() +
XML_POSTFIX + StringPool.DOT_XML;
            }
        });
        cfg.setFileOutConfigList(focList);
        mpg.setCfg(cfg);
        mpg.setTemplate(new TemplateConfig().setXml(null));
        // 策略配置
        StrategyConfig strategy = new StrategyConfig();
        strategy.setNaming(NamingStrategy.underline_to_camel);
        strategy.setColumnNaming(NamingStrategy.underline_to_camel);
        strategy.setSuperEntityClass(BaseEntity.class);
        strategy.setSuperEntityColumns(SUPER_ENTITY_COLUMNS);
```

```
        strategy.setEntityLombokModel(true);
        strategy.setChainModel(true);
strategy.setInclude(scanner("表名，多个英文逗号分割").split(","));
        strategy.setControllerMappingHyphenStyle(true);
        strategy.setRestControllerStyle(true);
        mpg.setStrategy(strategy);
        // 选择 FreeMarker 引擎，注意必须有 pom 依赖
        mpg.setTemplateEngine(new FreemarkerTemplateEngine());
        mpg.execute();
    }
}
```

运行 MysqlGenerator 类的 main 方法，结果如图 6-8 所示。

图 6-8 输入要生成代码的表

输入 user，然后按 Enter 键，等待几秒钟，代码就生成了。

效果

接下来检查一下项目结构是否按照我们之前的预期生成代码，并且放到了指定的位置。展开项目结构，如果看到如图 6-9 所示的结构，代码就生成成功了。

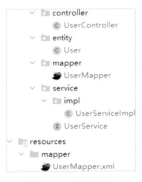

图 6-9 项目结构

UserController、UserService、UserServiceImpl、UserMapper 的代码如下：

```
// UserController
@RestController
```

```java
@RequestMapping("/user")
@Api(value = "User 对象",tags = "用户信息")
public class UserController {

}

// UserService
public interface UserService extends IService<User> {

}

// UserServiceImpl
    public class UserServiceImpl extends ServiceImpl<UserMapper, User>
implements UserService {

}

// UserMapper
    public interface UserMapper extends BaseMapper<User> {

}
```

UserMapper.xml 文件的代码如下:

```xml
<?xml version="1.0" encoding="UTF-8"?>
<!DOCTYPE mapper PUBLIC "-//mybatis.org//DTD Mapper 3.0//EN"
"http://mybatis.org/dtd/mybatis-3-mapper.dtd">
<mapper namespace="com.shuijing.boot.mbp.mapper.UserMapper">

    <!-- 通用查询映射结果 -->
    <resultMap id="BaseResultMap" type="com.shuijing.boot.mbp.entity.User">
        <result column="id" property="id" />
        <result column="creator" property="creator" />
        <result column="modifier" property="modifier" />
        <result column="create_time" property="createTime" />
        <result column="update_time" property="updateTime" />
            <result column="name" property="name" />
            <result column="email" property="email" />
            <result column="birth_day" property="birthDay" />
    </resultMap>

    <!-- 通用查询结果列 -->
    <sql id="Base_Column_List">
        id,
        creator,
        modifier,
        create_time,
```

```
        update_time,
        name, email, birth_day
    </sql>
</mapper>
```

至此，我们的项目已经具备了对 user 表的基本 CRUD 功能。你可能会说，生成的类都是空的，XML 文件里也没有任何实现。实际上，秘密都藏在那几个基础类里，只要打开 IService、ServiceImpl 和 BaseMapper 的源码看看就明白了。这种方式和前面介绍的 Spring Data JPA 很类似，这里就不给出源码了。

6.4.3　自定义模板

如果你恰好和我一样，即使在 Controller 层简单地调用一下已经写好的 CRUD 功能代码也不愿意，那么你可以使用自定义模板，让代码生成器把 Controller 层的 CRUD 功能代码一起生成出来。

编写 Controller 模板

编写 Controller 模板很简单，你可以在 FreeMarker、Velocity 和 Beetl 中选择一种自己喜欢的模板语言。这里我们用 FreeMarker 来举例。首先在 mybatis-plus-generator-xxx.jar 的 templates 目录下找到 controller.java.ftl 文件，并将其复制到项目中的 src/main/resources/templates 目录下，然后在原来的基础上进行如下修改：

```
package ${package.Controller};
import ${package.Service}.${table.serviceName};
import ${package.Entity}.${entity};
import org.springframework.web.bind.annotation.RequestMapping;
import org.springframework.beans.factory.annotation.Autowired;
import org.springframework.web.bind.annotation.DeleteMapping;
import org.springframework.web.bind.annotation.GetMapping;
import org.springframework.web.bind.annotation.PathVariable;
import org.springframework.web.bind.annotation.PostMapping;
import org.springframework.web.bind.annotation.PutMapping;
import org.springframework.web.bind.annotation.RequestBody;
<#if restControllerStyle>
import org.springframework.web.bind.annotation.RestController;
<#else>
import org.springframework.stereotype.Controller;
</#if>
<#if swagger2>
import io.swagger.annotations.Api;
```

```
import io.swagger.annotations.ApiOperation;
</#if>
<#if superControllerClassPackage??>
import ${superControllerClassPackage};
</#if>


/**
 * <p>
 ${table.comment!} 前端控制器
 * </p>
 *
 @author ${author}
 @since ${date}
 */
<#if restControllerStyle>
@RestController
<#else>


@Controller
</#if>
@RequestMapping("<#if package.ModuleName??>/${package.ModuleName}</#if>/<#if
controllerMappingHyphenStyle??>${controllerMappingHyphen}
<#else>${table.entityPath}</#if>")
<#if swagger2>
@Api(value = "${entity}对象",tags = "${table.comment!}")
</#if>
<#if kotlin>
class ${table.controllerName}<#if superControllerClass??> :
${superControllerClass}()</#if>
<#else>
<#if superControllerClass??>
public class ${table.controllerName} extends ${superControllerClass} {
<#else>
public class ${table.controllerName} {
</#if>


    @Autowired
    private ${table.serviceName} ${table.serviceName?uncap_first};
    @ApiOperation(value = "查询")
    @GetMapping(value = "/{id}")
    public ${entity} get(@PathVariable Integer id)
      { return
      ${table.serviceName?uncap_first}.getById(id);
```

```
        }

        @ApiOperation(value = "新增")
        @PostMapping
        public Boolean add(@RequestBody ${entity} ${entity?uncap_first})
          { return ${table.serviceName?uncap_first}.save(${entity?uncap_first});
        }

        @ApiOperation(value = "修改")
        @PutMapping
        public Boolean modify(@RequestBody ${entity} ${entity?uncap_first})
          { return
            ${table.serviceName?uncap_first}.updateById(${entity?uncap_first});
        }

        @ApiOperation(value = "删除")
        @DeleteMapping(value = "/{id}")
        public Boolean remove(@PathVariable Integer id) {
            return ${table.serviceName?uncap_first}.removeById(id);
        }
    }
</#if>
```

修改完成后，再次运行 MysqlGenerator 类的 main 方法，然后在控制台输入 user 并按 Enter 键，接下来打开 UserController.java 文件，就会看到如下代码了：

```
@RestController
@RequestMapping("/user")
@Api(value = "User 对象",tags = "用户信息")
public class UserController {

    @Autowired
    private UserService userService;
    @ApiOperation(value = "查询") @GetMapping(value = "/{id}")
    public User get(@PathVariable Integer id) {
        return userService.getById(id);
    }

    @ApiOperation(value = "新增") @PostMapping
    public Boolean add(@RequestBody User user) {
        return userService.save(user);
    }

    @ApiOperation(value = "修改") @PutMapping
    public Boolean modify(@RequestBody User user) {
        return userService.updateById(user);
```

```
    }
    @ApiOperation(value = "删除") @DeleteMapping(value = "/{id}")
    public Boolean remove(@PathVariable Integer id) {
        return userService.removeById(id);
    }
}
```

经过上面的操作，我们就可以轻松地得到一个具备基本 CRUD 功能的完整项目了，非常方便、高效，达到一种 "Write once, generate anywhere" 的至高境界！

6.4.4 分页

对于分页这样常见的需求，MyBatis Plus 提供了很好的支持。开启分页功能也十分简单。

添加分页配置

MyBatis Plus 可以通过插件来强化自身能力。想要开启分页功能，只需要添加 MyBatis Plus 的分页插件即可：

```
@Configuration
public class MyBatisPlusConfig {
    @Bean
    public MybatisPlusInterceptor mybatisPlusInterceptor() {
        MybatisPlusInterceptor interceptor = new MybatisPlusInterceptor();
        interceptor.addInnerInterceptor(new
PaginationInnerInterceptor(DbType.MYSQL));
        return interceptor;
    }
}
```

> 需要注意的是，不同的数据库在开启分页功能的时候，需要设置成对应的数据库类型。

编写接口

开启分页功能以后，就可以编写一个分页接口了，代码很简单：

```
@GetMapping
@ApiOperation("分页查询")
public Page<User> list(@RequestParam(defaultValue = "1") Integer pageNum,
                      @RequestParam(defaultValue = "10") Integer size) {
    return userService.page(new Page<>(pageNum,size));
}
```

传入页面和页大小两个参数，然后调用通用 Service 的 page 方法，即可完成一个分页查询的接口，非常方便。

除了分页插件，MyBatis Plus 还内置了一些其他非常有用的插件。MyBatis Plus 目前内置的插件如下。

- 自动分页：PaginationInnerInterceptor
- 多租户：TenantLineInnerInterceptor
- 动态表名：DynamicTableNameInnerInterceptor
- 乐观锁：OptimisticLockerInnerInterceptor
- SQL 性能规范：IllegalSQLInnerInterceptor
- 防止全表更新与删除：BlockAttackInnerInterceptor

6.4.5 条件构造器

MyBatis Plus 除了提供通用的 CRUD 等功能，还具备非常灵活、强大的自定义查询功能，而且用起来非常方便、简单。下面我们就一起来看看 MyBatis Plus 的条件构造器都有什么"本领"。

MyBatis Plus 的条件构造器用起来很简单，不同的方法对应标准 SQL 中不同的条件运算符，比如，eq 方法对应"="，gt 方法对应">"。每个方法主要包含两个参数，即字段名和字段值。每个方法还有一个对应的重载方法，多了一个条件参数，用来指定该条件在什么情况下才会被添加到最终生成的 SQL 中。

```
eq(R column, Object val)
eq(boolean condition, R column, Object val)
```

eq、ne

最常用的就是等值查询，比如，查询名字为"刘水镜"的用户：

```
QueryWrapper<User> wrapper = new QueryWrapper<>();
wrapper.eq("name", "刘水镜");
```

对应的 SQL 语句：

```
SELECT * FROM user WHERE (name = '刘水镜');
```

> 实际上应该是 SELECT id,name,email,birth_day,creator,create_time,modifier,update_time……这里为了简洁，用"*"代替了。后面类似情况不再赘述。

gt、ge、lt、le

除了等值查询，还有大于、大于或等于、小于、小于或等于：

```
QueryWrapper<User> wrapper = new QueryWrapper<>();
```

```
wrapper.lambda().ge(User::getBirthDay, LocalDate.parse("2011-01-01"));
// 或者
LambdaQueryWrapper<User> wrapper = new LambdaQueryWrapper<>();
wrapper.ge(User::getBirthDay, LocalDate.parse("2011-01-01"));
```

> 你可能已经发现，这个例子跟上面那个有些不一样，这里我们用 Lambda 中引用方法的方式代替字符串列名。这样可以减少因拼写错误导致的 Bug，推荐在实际应用中采用这种方式。

对应的 SQL 语句：

```
SELECT * FROM user WHERE (birth_day >= '2021-01-01');
```

between

between 方法需要传递两个值：

```
wrapper.between(User::getBirthDay, LocalDate.parse("2011-01-01"), LocalDate.parse("2011-12-31"));
```

对应的 SQL 语句：

```
SELECT * FROM user WHERE (birth_day BETWEEN '2011-01-01' AND '2011-12-31');
```

like、likeLeft、likeRight

like 模糊查询支持 3 种形式：like，全模糊；likeLeft，左模糊；likeRight，右模糊。

```
wrapper.like(User::getName, "水");
wrapper.likeLeft(User::getName, "镜");
wrapper.likeRight(User::getName, "刘");
```

对应的 SQL 语句：

```
SELECT * FROM user WHERE (name LIKE '%水%');
SELECT * FROM user WHERE (name LIKE '%镜');
SELECT * FROM user WHERE (name LIKE '刘%');
```

in、notIn

我们也会经常用到 in 和 notIn：

```
wrapper.in(User::getName, "小刘", "小水", "小镜");
```

对应的 SQL 语句：

```
SELECT * FROM user WHERE (name IN ('小刘','小水','小镜'));
```

如果 in 或 notIn 的列表为空，会报如下错误：

```
java.sql.SQLSyntaxErrorException: You have an error in your SQL
syntax; check the manual that corresponds to your MySQL server version
for the right syntax to use near '))' at line 3
```

那么，如何解决呢？这里先"卖个关子"，后面会具体介绍。

groupBy

可以根据需要进行分组：

```
wrapper.select("name, count(*)").groupBy("name");
```

对应的 SQL 语句：

```
SELECT name, count(*) FROM user GROUP BY name;
```

orderBy、orderByAsc、orderByDesc

同样地，排序也是必不可少的：

```
wrapper.orderByDesc(User::getId);
```

对应的 SQL 语句：

```
SELECT * FROM user ORDER BY id DESC;
```

set

更新操作有对应的条件构造器——updateWrapper。其用法和上面差不多，只不过多了一个 set 方法，用来为字段赋值，例如：

```
LambdaUpdateWrapper<User> updateWrapper = new LambdaUpdateWrapper<>();
updateWrapper.set(User::getBirthDay, LocalDate.parse("2012-01- 01")).
eq(User::getName, "刘水镜");
```

对应的 SQL 语句：

```
UPDATE user SET birth_day='2012-01-01' WHERE (name = '刘水镜');
```

满足条件时再拼接

上面说到 in 和 notIn 时，我们留了一个小问题。比如，当下面代码中的 nameList 为空时，就会报错：

```
wrapper.in(User::getName, nameList);
```

其实，这个问题解决起来非常简单，我们在一开始的时候就说过，每个方法都有一个对应的重载方法，就是多了一个条件参数。我们可以利用这个参数，判断当 nameList 不为空时再拼接到条件中：

```
wrapper.in(CollectionUtils.isNotEmpty(nameList),User::getName,
nameList);
```

这样，当 nameList 为空时，SQL 语句如下：

```
SELECT * FROM user;
```

当 nameList 不为空时，SQL 语句如下：

```
SELECT * FROM user WHERE (name IN ('小刘','小水','小镜'));
```

这样一来，刚刚的问题就被完美地解决了。

更多条件构造方法

除了上面介绍的条件构造方法，还有很多没有介绍的方法。表 6-3 所示为 MyBatis Plus 条件构造方法及其说明。

表 6-3 MyBatis Plus 条件构造方法及其说明

条件构造方法	对应的SQL表达式	说 明
allEq	=	通过Map传入多对key-value
eq、ne	=、<>	等于、不等于
gt、ge、lt、le	>、>=、<、<=	大于、大于或等于、小于、小于或等于
between、notBetween	between、not between	在区间内、不在区间内
like、notLike、likeLeft、likeRight	like、not like	(not) like %值%、like %值、like值%
isNull、isNotNull	is null、is not null	空、非空判断
in、notIn	in、not in	在集合内、不在集合内
inSql、notInSql	(not) in (select …)	在子查询内、不在子查询内
groupBy	group by	分组
orderBy、orderByAsc、orderByDesc	order by asc/desc	升序排列、降序排列
having	having	having子句
func	无	用于条件分支
and、or、nested	and、or、()	and连接符、or连接符、括号
apply	无	用于拼接SQL语句
last	无	用于拼接SQL语句并放在SQL语句的末尾
exists、notExists	exists、not exists	存在、不存在
select	select	用于指定获取表中的哪些字段
set	set	用于更新时设置字段值
setSql	无	用于更新时自定义赋值SQL语句：setSql ("name = '刘水镜'")

6.4.6 自动填充

还记得刚刚封装公共字段的 BaseEntity 类吗？其中包括如下代码：

```
@TableField(fill = FieldFill.INSERT)
private String creator;
@TableField(fill = FieldFill.INSERT_UPDATE)
private String modifier;
```

填充策略

@TableField 注解的 fill 属性是用来设置自动填充策略的。FieldFill 一共有 4 种填充策略，具体如下：

```
public enum FieldFill {

    DEFAULT,

    INSERT,

    UPDATE,

    INSERT_UPDATE
}
```

4 种填充策略的作用如下。
- DEFAULT：默认不处理
- INSERT：插入时填充字段
- UPDATE：更新时填充字段
- INSERT_UPDATE：插入和更新时填充字段

创建人和创建时间时选择 INSERT 策略；更新人和更新时间时可以选择 UPDATE 策略，也可以选择 INSERT_UPDATE 策略。

填充实现

在相应的字段中设置填充策略以后，还需要编写具体的填充实现：

```
@Component
public class MyMetaObjectHandler implements MetaObjectHandler {

    @Override
    public void insertFill(MetaObject metaObject) {
        this.strictInsertFill(metaObject, "createTime", LocalDateTime::now, LocalDateTime.class);
        this.strictInsertFill(metaObject, "updateTime", LocalDateTime::now, LocalDateTime.class);
```

```
        this.strictInsertFill(metaObject, "creator", this::
getCurrentUser, String.class);
        this.strictInsertFill(metaObject, "modifier", this::
getCurrentUser, String.class);
    }

    @Override
    public void updateFill(MetaObject metaObject) {
        this.strictUpdateFill(metaObject, "updateTime", LocalDateTime::
now, LocalDateTime.class);
        this.strictUpdateFill(metaObject, "modifier", this::
getCurrentUser, String.class);
    }

    // 模拟获取当前用户
    private String getCurrentUser() {
        return "管理员" + (int) (Math.random() * 10);
    }
}
```

> 这里的填充字段需要写实体类的字段名,而不是表中的列名,这一点要注意,如果写错,则会导致无法填充。

避"坑"指南

MyBatis Plus 执行自动填充时,会有如下判断:

```
default MetaObjectHandler strictFillStrategy(MetaObject metaObject,
String fieldName, Supplier<?> fieldVal) {
    if (metaObject.getValue(fieldName) == null) {
        Object obj = fieldVal.get();
        if (Objects.nonNull(obj)) {
            metaObject.setValue(fieldName, obj);
        }
    }
    return this;
}
```

> 代码来自 **MetaObjectHandler** 接口。

我们来看外层的 if 判断,当实体被填充的字段有值时,不会执行填充逻辑。如果你不清楚这一点,就可能引发一些奇怪的 Bug。比如,你需要先从表里查出一条数据,然后对其做一些修改,最后将其更新到表中。这时如果你查出的这条数据的 updateTime 和 modifier 都有值,那么这两个属性不会被填充。这个时候,就会出现实际情况与预期不符的问题。

要解决这个问题其实也很简单,只需要在我们自定义的 **MyMetaObjectHandler** 类中重写 **strictFillStrategy** 方法即可:

```
@Override
public MetaObjectHandler strictFillStrategy(MetaObject metaObject,
String fieldName, Supplier<?> fieldVal) {
    Object obj = fieldVal.get();
    if (Objects.nonNull(obj)) {
        metaObject.setValue(fieldName, obj);
    }
    return this;
}
```

去掉外层的 if 判断，即不管实体类被填充的属性是否有值，都执行填充逻辑。目前，我们不太清楚 MyBatis Plus 为什么默认做这样的处理，而且它既没有提供一个开关供用户自行选择，也没有在文档中对这一默认处理逻辑进行说明。这样很容易导致在实际使用中出现明明设置了自动填充，实际却没有被填充的"灵异 Bug"。

6.5 强大的 Druid

一次数据库访问总共分几步？三步：第一步是创建一个连接；第二步是操作数据；第三步是释放连接。对于一个业务动作来说，我们并不关心第一步和第三步，我们真正关心的是第二步——操作数据。为了做一件事情，我们不得不额外做两件我们并不想做的事情。前面讲到的 Spring Data JPA 和 MyBatis Plus 将这个问题解决了一半——封装了数据库连接的创建和释放，这样虽然减少了我们的工作量，但仍然有很大的性能开销。因为创建和释放连接的操作都是非常耗时的操作，要解决这个问题，就需要使用数据库连接池了。

6.5.1 基本原理

在应用初始化的时候，可以根据配置信息预先创建一些数据库连接对象，并存放于内存中。当需要访问数据库的时候，可以直接到连接池中"借"一个连接来用。当完成数据库操作以后，再将这个连接"还"给连接池，从而实现资源共享的目的。近几年很火的共享经济（共享单车、共享汽车、共享充电宝等）不就是这种思路吗？原来这些看起来新鲜的"玩法"早就被程序员们使用过了。

连接池技术避免了频繁创建与释放连接的情况，并且可以根据当前的使用情况来动态增减数据库连接数，做到一定程度上的按需"备货"，使得数据库资源的利用变得更加合理，不仅在速度上有了很大的提升，在稳定性上也得到了改善。

6.5.2 如何选择连接池

市面上有很多 Java 的数据库连接池组件,我们应该如何选择呢?表 6-4 所示为主流数据库连接池的对比。

表 6-4 主流数据库连接池的对比

功能类别	功能	Druid	HikariCP	DBCP	Tomcat-jdbc	C3P0
性能	PSCache	是	否	是	是	是
	LRU	是	否	是	是	是
	SLB 负载均衡支持	是	否	否	否	否
稳定性	ExceptionSorter	是	否	否	否	否
扩展	扩展	Filter	/	/	JdbcIntercepter	/
监控	监控方式	jmx/log/http	jmx/metrics	jmx	jmx	jmx
	支持 SQL 级监控	是	否	否	否	否
	Spring/Web 关联监控	是	否	否	否	否
诊断	诊断支持	LogFilter	否	否	否	否
	连接泄露诊断	logAbandoned	否	否	否	否
安全	SQL 防注入	是	无	无	无	无
	支持配置加密	是	否	否	否	否

Druid 是阿里巴巴公司出品的一款非常优秀的数据库连接池组件,拥有强大的监控功能,同时保证了非常好的性能,并且其稳定性经过了阿里巴巴公司内部成千上万次的系统验证,还经受过历年"双十一"活动的考验。这些都足以说明 Druid 是一款兼具性能与稳定性的优秀数据库连接池组件,因此我们可以放心地使用它。

6.5.3 配置

Druid 和 Spring Boot 的集成也非常简单——添加 pom 依赖、添加配置。

添加 pom 依赖

添加 Druid 的 starter 的引用:

```
<dependency>
    <groupId>com.alibaba</groupId>
    <artifactId>druid-spring-boot-starter</artifactId>
    <version>1.2.5</version>
</dependency>
```

添加配置

```yaml
# 数据源配置
spring:
  datasource:
    # 这一项不需要显式指定
    type: com.alibaba.druid.pool.DruidDataSource
    druid:
      driver-class-name: com.mysql.jdbc.Driver
      url: jdbc:mysql://127.0.0.1:3306/springboot?characterEncoding=utf8&useSSL=false&serverTimezone=Asia/Shanghai
      username: root
      password: 123456
      # 初始化大小，最小，最大
      initialSize: 5
      minIdle: 5
      maxActive: 20
      # 配置获取连接等待超时的时间
      maxWait: 60000
      # 配置间隔多久才进行一次检测，检测需要关闭的空闲连接，单位是毫秒
      timeBetweenEvictionRunsMillis: 60000
      # 配置一个连接在连接池中的最小生存时间，单位是毫秒
      minEvictableIdleTimeMillis: 300000
      validationQuery: SELECT 1
      testWhileIdle: true
      # 申请连接时执行validationQuery，检测连接是否有效
      testOnBorrow: false
      # 归还连接时执行validationQuery，检测连接是否有效
      testOnReturn: false
      # 打开PSCache，并且指定每个连接上PSCache的大小
      # poolPreparedStatements: true
      # maxPoolPreparedStatementPerConnectionSize: 20
```

...

只要两步就配置好了，比"把大象放冰箱"还简单。启动程序后，控制台输出 Init DruidDataSource 的字样，说明 Druid 配置成功。

买一赠一

除了上面通过 application.yml 文件的方式配置 Druid，还可以通过 Java 的方式配置 Druid。本着"买一赠一"的原则，本书也提供了 Java 配置版，具体代码就不在此给出了，而是存储在随书源码的 DruidConfig 类中（见图 6-10）。

图 6-10　Druid Java 配置

6.5.4　监控

监控配置

前面提到过，Druid 具有强大的监控功能，而这也是它的主要功能。出于安全考虑，Druid 默认是关闭监控功能的，我们可以在之前的配置基础上追加以下配置来开启监控功能：

```yaml
#数据源配置
spring:
  datasource:
    # 这一项不需要显式指定
    type: com.alibaba.druid.pool.DruidDataSource
    druid:
      ...
      # 开启监控，配置信息
      stat-view-servlet:
        # 开启监控页面
        enabled: true
        # 监控系统用户名
        login-username: druid
        # 监控系统密码
        login-password: 123456
        # 是否允许清空监控数据
        reset-enable: false
        # 监控系统路径
        url-pattern: "/druid/*"
        # 可访问监控系统的IP地址列表（白名单）
        # allow: 127.0.0.1
        # 禁止访问监控系统的IP地址列表（黑名单）
        # deny:
      # 配置扩展插件，常用的插件有：监控统计用的 stat，日志用的 slf4j，防御 SQL
      # 注入的 wall
      filters: stat,wall,slf4j
      # 用来打开 SQL 参数化合并监控和慢 SQL 记录
      connectionProperties: druid.stat.mergeSql=true;druid.stat.slowSqlMillis=5000
```

```yaml
      # 合并多个 DruidDataSource 的监控数据
      useGlobalDataSourceStat: true
      # 开启 web 监控（Web 应用、URI 监控、Session 监控）
      web-stat-filter:
        # 开启 Web 监控
        enabled: true
        # 需要监控的路径
        url-pattern: /*
        # 不监控静态文件和监控系统自己的请求
        exclusions: "*.js,*.gif,*.jpg,*.png,*.css,*.ico,/druid/*"
        # 统计请求调用链
        profile-enable: true
      # 开启 Spring 监控
      aop-patterns: com.shuijing.boot.*.controller.*,com.shuijing.boot.*.service.*,com.shuijing.boot.*.mapper.*
      # 日志配置
      filter: slf4j:
          enabled: true
          statement-executable-sql-log-enable: true
# 日志输出级别
logging:
  level:
    # 输出 SQL 语句
    druid.sql.Statement: debug
    # 输出查询结果
    druid.sql.ResultSet: debug
    ...
```

> 为了系统安全，开启监控功能后配置好白名单和黑名单。

配置好以后，重启应用就可以通过这个地址访问监控系统了：http://localhost:8080/springboot/druid/index.html

监控系统

登录 Druid 以后，需要输入我们配置的用户名和密码（见图 6-11）。

图 6-11　登录 Druid

Druid 首页展示的是应用的详细软件信息（见图 6-12）。

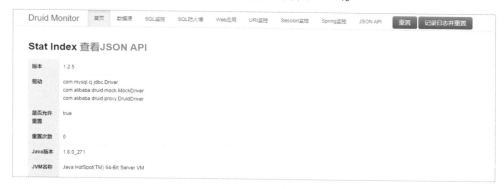

图 6-12　Druid 首页

在 Druid SQL 监控视图中，可以查看 SQL 的执行情况（见图 6-13）。

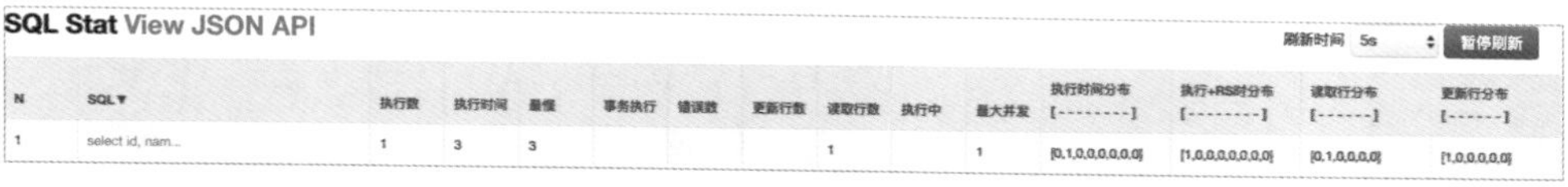

图 6-13　Druid SQL 监控视图

在 Druid URL 视图中，可以查看每次的请求（见图 6-14）。

图 6-14　Druid URL 视图

在 Druid Spring 视图中，可以展示配置的切点执行情况（见图 6-15）。

图 6-15　Druid Spring 视图

打印可执行 SQL 语句

Druid 还有一个非常实用的功能，就是输出可执行 SQL 语句与 SQL 语句的执行结果。在默认情况下，打印的 SQL 语句都是带参数占位符的，例如：

```
select id, name, age, birth_day, email
    from user
    where id = ?
```

这种形式的 SQL 语句在排查问题的时候用起来很不方便，简单的 SQL 语句还好，但是如果其参数很多，想拿过来用是根本不可能的，还不如自己手写的速度快。如果打印出来的 SQL 语句把参数都设置好了，甚至能将执行结果一起打印出来，那就完美了。Druid 就很贴心，为我们提供了这样的功能。具体配置已经在"监控配置"部分给出。

我们来看看效果：

```
2021-04-18   15:09:21.984   DEBUG   22316   druid.sql.Statement:
{conn-10007, pstmt- 20002} executed. select id, name, email, birth_day,
creator, create_time, modifier, update_time
  from user
  where id = 1


...


 2021-04-18 15:09:21.985 DEBUG 22316 druid.sql.ResultSet:Header:
[id, name, email, birth_day, creator, create_time, modifier, update_time]
 2021-04-18 15:09:21.985 DEBUG 22316 druid.sql.ResultSet:Result:
[1, 小刘, xiaoliu1@mail.com, 2011-01-01, 初始化, 2021-03-28 22:29:25.0,
初始化, 2021-03-28 22:29:25.0]
```

可以看到，此时 id 被设置成了 1，最后一行还将我们查询到的数据打印出来了。这个功能真好用！

6.6 事务

> 事务是数据库管理系统执行过程中的一个逻辑单位，由一个有限的数据库操作序列构成。

很显然，事务的概念是给"牛人"看的，我们普通人很难看懂。我们可以将其简单地理解为：对数据的一次操作就是一个事务。

6.6.1 事务的特性

事务具备 4 个特性，即原子性（Atomicity）、一致性（Consistency）、隔离性（Isolation）、持久性（Durability），简称 ACID。

原子性：事务作为一个整体被执行，其中对数据库的操作要么全部被执行，要么都不执行（有始有终）。

一致性：事务应确保数据库的状态从一个一致状态转变为另一个一致状态。一致状态的含义是数据库中的数据应满足完整性约束（表里如一）。

隔离性：多个事务并发执行时，一个事务的执行不应影响其他事务的执行（不多管闲事）。

持久性：被提交的事务对数据库的修改应该永久保存在数据库中（一诺千金）。

也就是说，事务"有始有终""表里如一""不多管闲事""一诺千金"，真是集众多优秀品质于一身！

6.6.2 脏读、不可重复读、幻读

表 6-5 所示为不同隔离级别与读问题的对照关系。

表 6-5 不同隔离级别与读问题的对照关系

隔 离 级 别	脏 读	不可重复读	幻 读
读未提交（Read Uncommitted）	可能	可能	可能
读已提交（Read Committed）	不可能	可能	可能
可重复读（Repeatable Read）	不可能	不可能	可能
可串行化（Serializable）	不可能	不可能	不可能

读未提交（Read Uncommitted）：所有读问题都可能发生，一般不会使用这种隔离级别。

读已提交（Read Committed）：只能避免脏读发生，Oracle 的默认隔离级别。

可重复读（Repeated Read）：能够避免脏读和不可重复读发生，MySQL 中 InnoDB 引擎默认的隔离级别。

可串行化（Serializable）：可以解决所有读问题，但由于是串行执行，性能相当一般，所以通常也不会被使用。

> 在 MySQL 中，可重复读级别就解决了幻读的问题。

假设有一张表：

```
CREATE TABLE `k_v`
(
    `id`    int NOT NULL AUTO_INCREMENT COMMENT '主键 id',
    `value` int NOT NULL DEFAULT '0' COMMENT '值',
    PRIMARY KEY (`id`)
) ENGINE = InnoDB DEFAULT CHARSET = utf8mb4;
```

表中有如下数据：

```
+------+-------+
| id   | value |
+------+-------+
| 1    | 100   |
| 2    | 100   |
| 3    | 100   |
```

设置数据为手动提交事务：

```
set autocommit=0;
```

脏读（Dirty Read）

> 脏读是指一个事务（A）读到了另一个事务（B）未提交的数据。

比如，事务 A 读到事务 B 并未提交的数据，恰好事务 B 因某些因素而导致了事务回滚，那么刚刚事务 A 就相当于读到了实际上并不存在的数据，这就是脏读（见表 6-6）。

```
set session transaction isolation level read uncommitted;
```

表 6-6　脏读

事务 A	事务 B
begin;	
select value from k_v where id = 1; (value = 100)	
	begin;
	update k_v set value = value + 100 where id = 1; (value = 200)
select value from k_v where id = 1; (value = 200)	
	rollback; (value = 100)

不可重复读（Unrepeatable Read）

> 不可重复读是指在一个事务内对同一条记录（可以理解为根据同一个 id 查询）进行多次查询的结果却不一致。

比如，事务 A 查询了一次账户余额。之后，事务 B 在该账户中扣除了一笔钱（比如自动还款）并提交了事务。这时事务 A 再次查询账户余额，就会发现余额变了，这就属于不可重复读（见表 6-7）。

```
set session transaction isolation level read committed;
```

表 6-7　不可重复读

事务 A	事务 B
begin;	
select value from k_v where id = 1; (value = 100)	
	begin;
	update k_v set value = value + 100 where id = 1; (value = 200)
select value from k_v where id = 1; (value = 100)	
	commit; (value = 100)
select value from k_v where id = 1; (value = 200)	

幻读（Phantom Read）

> 幻读是指在同一个事务内进行多次操作之间，产生了新的数据或删除了已有数据，并对后续的操作造成了影响。

比如，事务 A 统计了一下 id 大于 1 的数据。之后，事务 B 插入了一条 id 为 4 的数据并提交了事务。这时事务 A 再次统计 id 大于 1 的数据，就会发现多了一条，这就产生了幻读（见表 6-8）。

表 6-8　幻读

事务 A	事务 B
begin;	
select count(*) from k_v where id > 1; (两条)	
	begin;
	insert into k_v values (4, 100);
select count(*) from k_v where id > 1; (两条)	
	commit;
select count(*) from k_v where id > 1; (三条)	

区别

脏读指的是一个事务读到了其他事务未提交的数据。

不可重复读指的是一个事务中多次读到同一条（多条）数据发生了变化，重点在于表里已经存在的数据被其他事务修改了（update）。

幻读指的是一个事务被其他事务插入或删除的数据所影响，重点在于事务开始后，其他事务插入或删除了数据（insert/delete）。

脏读、不可重复读、幻读是在并发事务的情况下才发生的。为了解决这些问题，数据库引入了隔离级别，并且不同的隔离级别可以解决不同的问题。

6.6.3 在 Spring 中使用事务

要在 Spring 中使用事务非常简单，只需要在相应的类或方法上加上 @Transactional 即可。例如，我们在 UserService 中写一个 insert 方法（调用 UserMapper）并加上 @Transactional。当 insert 方法被调用时，控制台会打印如下日志：

```
Creating new transaction with name [com.xxx.UserService.insert]:
PROPAGATION_REQUIRED,ISOLATION_DEFAULT
```

根据这条日志，我们可以看到在执行 insert 方法时，使用了一个事务。我们简单看一下 @Transactional 的源码：

```java
package org.springframework.transaction.annotation;
...

@Target({ElementType.METHOD, ElementType.TYPE})
@Retention(RetentionPolicy.RUNTIME)
@Inherited
@Documented
public @interface Transactional {

    // 通过 bean name 设置事务管理器
    @AliasFor("transactionManager")
    String value() default "";
    // 同上
    @AliasFor("value")
    String transactionManager() default "";
    // 事务标签
    String[] label() default {};
    // 事务传播行为
    Propagation propagation() default Propagation.REQUIRED;
    // 事务隔离级别
    Isolation isolation() default Isolation.DEFAULT;
    // 事务超时时间（秒）
    int timeout() default TransactionDefinition.TIMEOUT_DEFAULT;
    // 同上，String 类型
    String timeoutString() default "";
    // 是否只读
    boolean readOnly() default false;
    // 事务回滚的异常，默认所有异常都回滚
    Class<? extends Throwable>[] rollbackFor() default {};
    // 同上，按名称
    String[] rollbackForClassName() default {};
    // 事务不回滚的异常，默认所有异常都回滚
    Class<? extends Throwable>[] noRollbackFor() default {};
    // 同上，按名称
```

```
    String[] noRollbackForClassName() default {};
}
```

@Transactional 的源码很简单，通过上面的注释理解起来应该没有什么难度。我们通过图 6-16 所示的事务流程来看看 Spring 是如何进行事务管理的。

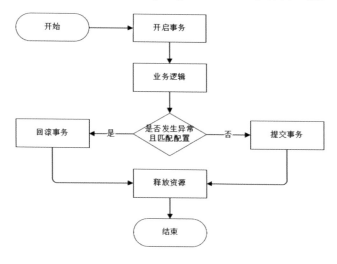

图 6-16　事务流程

在执行带有 @Transactional 的方法时，Spring 会为其开启事务，如果方法中的业务逻辑一切正常，就万事大吉了，Spring 会提交（commit）事务并释放资源；如果在执行业务逻辑的时候不幸发生了异常（并且是需要事务回滚的异常类型），Spring 就会将事务进行回滚（rollback）并释放资源。

6.6.4　Spring 中的事务传播行为

我们知道事务有 4 个特性——ACID。其中，A 代表原子性，意思是一个事务要么成功（将结果写入数据库），要么失败（不对数据库有任何影响）。但是当若干事务需要配合完成一个复杂任务时，就不能这样简单地"一刀切"了。例如，在一个批量任务里（假设包含 1000 个任务），前面的 999 个任务都非常顺利、漂亮、完美且成功地执行了，然而最后一个任务非常"悲催"地失败了。这时候，Spring 对着前面 999 个成功执行的任务说："兄弟们，我们有一个任务失败了，现在需要全体恢复原状！"很显然，这不是我们想要的结果。我们需要根据任务之间的亲疏关系来指定哪些任务需要联动回滚，哪些任务即使失败也不会影响其他任务。要解决这个问题，就需要了解事务的传播行为。Spring 中有 7 种事务传播行为，具体如表 6-9 所示。

表 6-9 事务传播行为

事务传播行为类型	说　　　明
PROPAGATION_REQUIRED	如果当前没有事务，就新建一个事务；如果已经存在一个事务，就加入这个事务中。这是最常见的选择
PROPAGATION_SUPPORTS	支持当前事务，如果当前没有事务，就以非事务方式执行
PROPAGATION_MANDATORY	使用当前的事务，如果当前没有事务，就抛出异常
PROPAGATION_REQUIRES_NEW	新建事务，如果当前存在事务，就把当前事务挂起
PROPAGATION_NOT_SUPPORTED	以非事务方式执行操作，如果当前存在事务，就把当前事务挂起
PROPAGATION_NEVER	以非事务方式执行，如果当前存在事务，就抛出异常
PROPAGATION_NESTED	如果当前存在事务，就在嵌套事务内执行。如果当前没有事务，就执行与PROPAGATION_REQUIRED类似的操作

Spring 可以通过@Transactional 注解的 propagation 属性来设置不同的传播行为策略。Spring 为此提供了一个枚举类 Propagation，源码如下：

```
package org.springframework.transaction.annotation;
public enum Propagation {

    /**
     * 需要事务，它是默认传播行为，如果当前存在事务，就沿用当前事务
     * 否则新建一个事务，运行内部方法
     */
    REQUIRED(TransactionDefinition.PROPAGATION_REQUIRED),

    /**
     * 支持事务，如果当前存在事务，就沿用当前事务
     * 如果不存在，就继续采用无事务的方式运行内部方法
     */
    SUPPORTS(TransactionDefinition.PROPAGATION_SUPPORTS),

    /**
     * 必须使用事务，如果当前没有事务，就会抛出异常
     * 如果存在当前事务，就沿用当前事务
     */
    MANDATORY(TransactionDefinition.PROPAGATION_MANDATORY),

    /**
     * 无论当前事务是否存在，都会创建新事务运行方法
     * 这样新事务就可以拥有新的锁和隔离级别等特性，与当前事务相互独立
     */
    REQUIRES_NEW(TransactionDefinition.PROPAGATION_REQUIRES_NEW),

    /**
```

```
     *   不支持事务，当前存在事务时，将挂起事务，运行方法
     */
    NOT_SUPPORTED(TransactionDefinition.PROPAGATION_NOT_ SUPPORTED),

    /**
     *   不支持事务，如果当前方法存在事务，就抛出异常
     *   否则继续使用无事务机制运行
     */
    NEVER(TransactionDefinition.PROPAGATION_NEVER),

    /**
     *   在当前方法调用内部方法时，如果内部方法发生异常
     *   就只回滚内部方法执行过的 SQL 语句，而不回滚当前方法的事务
     */
    NESTED(TransactionDefinition.PROPAGATION_NESTED);
    ...
}
```

接下来，我们对其中 3 种常用的（REQUIRED、REQUIRES_NEW、NESTED）策略进行对比来更深入地理解事务。以下测试均是在外部方法开启事务的情况下进行的，因为在外部没有事务的情况下，三者都会新建事务，效果一样。

REQUIRED

当内部方法的事务传播行为被设置为 REQUIRED 时，内部方法会加入外部方法的事务中。在 UserServiceImpl 类中添加如下方法：

```
@Service
public class UserServiceImpl extends ServiceImpl<UserMapper, User> implements UserService {

    @Autowired
    private UserMapper mapper;
    @Override
    @Transactional(propagation = Propagation.REQUIRED)
    public void addWithRequired(User user) {
        mapper.insert(user);
    }

    @Override
    @Transactional(propagation = Propagation.REQUIRED)
    public void addWithRequiredAndException(User user) {
        mapper.insert(user);
        throw new RuntimeException();
    }
}
```

创建 TransactionServiceImpl 类，并添加如下方法：

```java
@Slf4j
@Service
public class TransactionServiceImpl implements TransactionService {

    @Autowired
    private UserService userService;
    @Override
    public void noTransaction_required_required_externalException () {
        User xiaoShui = new User().setName("小水");
        User xiaoJing = new User().setName("小镜");
        userService.addWithRequired(xiaoShui);
        userService.addWithRequired(xiaoJing);
        throw new RuntimeException();
    }

    @Override
    public void noTransaction_required_requiredException() {
        User xiaoShui = new User().setName("小水");
        User xiaoJing = new User().setName("小镜");
        userService.addWithRequired(xiaoShui);
        userService.addWithRequiredAndException(xiaoJing);
    }

    @Override
    @Transactional
    public void transaction_required_required_externalException() {
        User xiaoShui = new User().setName("小水");
        User xiaoJing = new User().setName("小镜");
        userService.addWithRequired(xiaoShui);
        userService.addWithRequired(xiaoJing);
        throw new RuntimeException();
    }

    @Override
    @Transactional
    public void transaction_required_requiredException() {
        User xiaoShui = new User().setName("小水");
        User xiaoJing = new User().setName("小镜");
        userService.addWithRequired(xiaoShui);
        userService.addWithRequiredAndException(xiaoJing);
    }

    @Override
    @Transactional
    public void transaction_required_requiredException_try() {

        User xiaoShui = new User().setName("小水");
```

```
    User xiaoJing = new User().setName("小镜");
    userService.addWithRequired(xiaoShui);
    try {
        userService.addWithRequiredAndException(xiaoJing);
    } catch (Exception e) {
        log.error("发生异常，事务回滚！");
    }
}
```

REQUIRED 结果分析如表 6-10 所示。

表 6-10 REQUIRED 结果分析

方 法	结 果	分 析
noTransaction_required_required_externalException	"小水"和"小镜"均成功入库	外部方法未开启事务，所以所有插入操作均未受到外部异常影响
noTransaction_required_requiredException	"小水"入库，"小镜"未入库	外部方法未开启事务，内部方法事务各自独立，互不影响，"小镜"的插入方法发生异常回滚，但"小水"的插入方法不受影响
transaction_required_required_externalException	"小水"和小镜"均未入库	外部方法开启事务，所有内部方法均被加入外部方法的事务中。而外部方法发生异常，导致所有操作都发生回滚
transaction_required_requiredException	"小水"和"小镜"均未入库	外部方法开启事务，所有内部方法均被加入外部方法的事务中。由于"小镜"的插入方法发生异常，此时所有方法都处于同一个事务中，因此所有操作都发生回滚
transaction_required_requiredException_try	"小水"和"小镜"均未入库	外部方法开启事务，所有内部方法均被加入外部方法的事务中。由于"小镜"的插入方法发生异常，此时所有方法都处于同一个事务中，即使发生异常的部分被try-catch处理了，所有操作仍然会回滚

前面 4 种情况都比较好理解，很多人不能理解最后一种情况：我都执行 try-catch 了，还能怎么样？这里的关键点在于所有方法都处于同一个事务中，此时"小镜"的插入方法发生异常，那么这个方法所在的事务就会被 Spring 设置为 rollback 状态。因

为异常被捕捉了，所以当外部方法执行完成后要进行 commit 操作时，却发现当前事务已经处于 rollback 状态了，虽然它不知道哪里出了问题，但是也只能听从指挥——回滚所有操作。

> 由于外部方法在不开启事务的情况下，每种传播行为的结果都是类似的，所以后面不再给出示例。

REQUIRES_NEW

当内部方法的事务传播行为被设置为 REQUIRES_NEW 时，内部方法会先将外部方法的事务挂起，然后开启一个新的事务。在 UserServiceImpl 类中添加如下方法：

```
@Service
public class UserServiceImpl extends ServiceImpl<UserMapper, User> implements UserService {

    ...

    @Override
    @Transactional(propagation = Propagation.REQUIRES_NEW)
    public void addWithRequiredNew(User user) {
        mapper.insert(user);
    }

    @Override
    @Transactional(propagation = Propagation.REQUIRES_NEW)
    public void addWithRequiredNewAndException(User user) {
        mapper.insert(user);
        throw new RuntimeException();
    }
}
```

在 TransactionServiceImpl 类中添加如下方法：

```
@Slf4j
@Service
public class TransactionServiceImpl implements TransactionService {

    ...

    @Override @Transactional
    public void transaction_required_requiredNew_externalException() {

        User xiaoShui = new User().setName("小水");
```

```java
        User xiaoJing = new User().setName("小镜");
        userService.addWithRequired(xiaoShui);
        userService.addWithRequiredNew(xiaoJing);
        throw new RuntimeException();
    }

    @Override
    @Transactional
    public void transaction_required_requiredNew_ requiredNewException() {

        User xiaoShui = new User().setName("小水");
        User xiaoJing = new User().setName("小镜");
        User shuiJing = new User().setName("水镜");
        userService.addWithRequired(xiaoShui);
        userService.addWithRequiredNew(xiaoJing);
        userService.addWithRequiredNewAndException(shuiJing);
    }

    @Override @Transactional
    public void transaction_required_requiredNewException_try() {

        User xiaoShui = new User().setName("小水");
        User xiaoJing = new User().setName("小镜");
        User shuiJing = new User().setName("水镜");
        userService.addWithRequired(xiaoShui);
        userService.addWithRequiredNew(xiaoJing);
        try {
            userService.addWithRequiredNewAndException (shuiJing);
        } catch (Exception e) {
            log.error("发生异常，事务回滚！");
        }

    }
}
```

REQUIRES_NEW 结果分析如表 6-11 所示。

表 6-11　REQUIRES_NEW 结果分析

方　　法	结　　果	分　　析
transaction_required_requiredNew_externalException	"小水" 未入库，"小镜" 入库	外部方法开启事务，"小水" 的插入方法和外部方法在同一个事务中，跟随外部方法发生回滚；"小镜" 的插入方法开启一个独立的新事务，不受外部方法异常的影响

续表

方法	结果	分析
transaction_required_requiredNew_requiredNewException	"小水"未入库，"小镜"入库，"水镜"未入库	外部方法开启事务，"水镜"的插入方法开启一个独立的新事务，因为发生异常，所以自己回滚了；"小镜"的异常没有做处理，因此会被外部方法感知到，"小水"的插入方法和外部方法在同一个事务中，跟随外部方法发生回滚；"小镜"的插入方法也会开启一个独立的新事务，因此不会受到任何方法的影响，成功入库
transaction_required_requiredNewException_try	"小水"和"小镜"入库，"水镜"未入库	外部方法开启事务，"水镜"的插入方法开启一个独立的新事务，因为发生异常，所以自己回滚了；"小镜"的异常被try-catch处理了，其他方法正常提交，"小水"和"小镜"成功入库

NESTED

当内部方法的事务传播行为被设置为 NESTED 时，内部方法会开启一个新的嵌套事务（子事务）。在 UserServiceImpl 类中添加如下方法：

```
@Service
public class UserServiceImpl extends ServiceImpl<UserMapper, User>
implements UserService {

    ...
    @Override
    @Transactional(propagation = Propagation.NESTED)
    public void addWithNested(User user) {
        mapper.insert(user);
    }

    @Override
    @Transactional(propagation = Propagation.NESTED)
```

```java
    public void addWithNestedAndException(User user) {
        mapper.insert(user);
        throw new RuntimeException();
    }
}
```

在 TransactionServiceImpl 类中添加如下方法：

```java
@Slf4j
@Service
public class TransactionServiceImpl implements TransactionService {

    ...

    @Override
    @Transactional
    public void transaction_nested_nested_externalException() {
        User xiaoShui = new User().setName("小水");
        User xiaoJing = new User().setName("小镜");
        userService.addWithNested(xiaoShui);
        userService.addWithNested(xiaoJing);
        throw new RuntimeException();
    }

    @Override
    @Transactional
    public void transaction_nested_nestedException() {
        User xiaoShui = new User().setName("小水");
        User xiaoJing = new User().setName("小镜");
        userService.addWithNested(xiaoShui);
        userService.addWithNestedAndException(xiaoJing);
    }

    @Override
    @Transactional
    public void transaction_nested_nestedException_try() {
        User xiaoShui = new User().setName("小水");
        User xiaoJing = new User().setName("小镜");
        User shuiJing = new User().setName("水镜");
        userService.addWithRequired(xiaoShui);
        userService.addWithNested(xiaoJing);
        try {
            userService.addWithNestedAndException(shuiJing);
        } catch (Exception e) {
            log.error("发生异常，事务回滚！",e);
        }
    }
}
```

NESTED 结果分析如表 6-12 所示。

表 6-12　NESTED 结果分析

方　法	结　果	分　析
transaction_nested_nested_externalException	"小水"和"小镜均未入库	外部方法开启事务,内部方法开启各自的子事务,外部方法发生异常,主事务回滚,子事务跟随主事务回滚
transaction_nested_nestedException	"小水"和"小镜"均未入库	外部方法开启事务,内部方法开启各自的子事务,"小镜"的插入方法发生异常,会回滚自己的子事务;"小镜"的异常没有处理,因此会被外部方法感知到;"小水"的插入方法在外部方法的子事务中,所以跟随主事务回滚
transaction_nested_nestedException_try	"小水"和"小镜"入库,"水镜"未入库	外部方法开启事务,"小水"和"水镜"开启各自的子事务,"小镜"加入外部方法的事务。"水镜"的插入方法发生异常,会回滚自己的子事务;"水镜"的异常被try-catch处理了,其他方法正常提交,"小水"和"小镜"成功入库

　　每个 NESTED 事务在执行前都会将当前操作保存下来,这个位置称为 savepoint（保存点）。如果当前 NESTED 事务执行失败,则回滚到之前的保存点。保存点使得子事务的回滚不对主事务造成影响。NESTED 事务在外部事务提交以后才会提交。

　　总结

　　REQUIRES_NEW 最为简单,不管当前有无事务,都会开启一个全新事务,既不影响外部事务,也不会影响其他内部事务,实现了真正的"井水不犯河水,坚定而独立"。

　　REQUIRED 在没有外部事务的情况下,会开启一个独立的新事务,且不会对其他同级事务造成影响；而当存在外部事务的情况下,则会与外部事务"共进退"。

　　NESTED 在没有外部事务的情况下与 REQUIRED 的效果相同；而在存在外部事务的情况下,当外部事务回滚时,它会创建一个嵌套事务（子事务）。当外部事务回滚时,子事务会跟着回滚,但子事务的回滚不会对外部事务和其他同级事务造成影响。

6.6.5 拓展

对于大部分数据库来说，我们在一段 SQL 语句中可以设置一个标志位，如果标志位后面的代码在执行过程中发生异常，则只需回滚到这个标志位的数据状态，而不会让这个标志位之前的代码也回滚。这个标志位在数据库的概念中被称为保存点。在 Spring 传播行为中，NESTED 就是利用数据库保存点的技术实现的。但需要注意的是，一些数据库是不支持保存点的，这时 NESTED 就会像 REQUIRES_NEW 一样创建一个全新的事务（而非嵌套事务）。但是此时二者仍然有一些不同，NESTED 传播行为会沿用外部事务的隔离级别和锁等特性，而 REQUIRES_NEW 则可以拥有自己独立的隔离级别和锁等特性，这一点区别在实际应用中要注意。

6.7 要点回顾

- Hibernate 与 MyBatis 没有绝对的好与坏，各有特色
- Spring Data JPA 与 MyBatis Plus 都非常强大、好用，能够大幅度地减少 CRUD 功能代码的编写
- Druid 不仅性能强劲，还有非常丰富的监控功能
- 事务有 ACID 特性和 4 个隔离级别
- 脏读、不可重复读、幻读要分清楚
- 不同的事务传播行为发生异常后，回滚的方式也不尽相同

第 7 章 出征前送你 3 个锦囊

经过前面几章的学习,我们了解了 Spring Boot 工程的搭建与配置、使用 Spring MVC 编写 RESTful 接口,以及持久层(Spring Data JPA 和 MyBatis Plus)的相关内容。至此,我们已经具备了完成一个后端应用的基础知识。是不是已经按捺不住想要动手编写一个小系统的心情了?先不要着急,在动手之前,我送你 3 个锦囊(现在就可以打开看的那种)——单元测试、异常处理和日志。

单元测试可以让你的代码更加健壮;异常处理可以让意外对系统的伤害降到最低;日志可以帮助你在系统出现问题后更快地修复系统。

7.1 代码的护身符——单元测试

写单元测试并不难,但写好单元测试不容易。下面我们来看看一个合格的单元测试应该具备哪些特质。

7.1.1 一个单元测试的自我修养

作为一个单元测试,要明确自己的定位,时时刻刻谨记——做一个合格的单元测试。那么,我们来看一下单元测试具备哪些素质才能称为一个合格的单元测试。

- 无副作用:单元测试不能对业务代码造成影响
- 可重复运行:多次运行结果一致
- 独立且完整:单元测试不依赖外部环境或其他模块的代码

前面两条很好理解，那么什么是"独立且完整"呢？例如，我们要为 Service 层的一个方法写单元测试，那么在运行这个单元测试时，就不能真的去访问数据库（因为与数据库交互的代码在 Dao 层，Service 层的单元测试不能依赖 Dao 层），这就是"独立"。虽然不能访问数据库，但是需要保证整个流程可以正确、完整地执行，这就是"完整"。

那么我们如何做到"独立且完整"呢？答案就是——Mock。市面上有很多 Mock 框架，如 Mockito、Jmock、easyMock 等。借助这些工具，我们可以很轻松地 Mock 出我们想要的依赖。

7.1.2 为什么要写单元测试

为什么要写单元测试？我们决定是否做一件事，通常需要看做这件事的回报是否大于投入。写单元测试也不例外，下面我们来对比一下。

写单元测试需要的投入

写单元测试需要花费额外的时间。

写单元测试带来的回报

- 提升代码的可靠性
- 可以帮助你更早地解决 Bug
- 可以让新人更快熟悉代码
- 为将来的重构保驾护航

写单元测试除需要花费额外的时间以外，好像并没有什么其他的缺点了。而写单元测试能给我们带来很多好处。

提升代码的可靠性是肯定的。单元测试可以降低测试以后的 Bug 率，提升了代码的可靠性，同时也会让其他人觉得你是一个非常靠谱的人。

写单元测试可以让问题更早地暴露出来，从而更早得到解决。更早地解决 Bug 有什么好处呢？Google 曾经就这个问题给出了一个参考——同一个 Bug 在编写代码的阶段修复需要 5 美元，而当整个工程构建完成以后再修复则需要 50 美元，等到集成测试的时候再修复，则会花费 500 美元，到了系统测试的时候就需要花费 5000 美元了。那么，如果上线以后才发现这个 Bug，修复它需要多高的成本呢？

几乎没有什么比接手别人写的代码更令人难过的事情了。想要快速理解别人写的代码，最直接的方式就是执行 Debug 操作。对于小型系统还好，而对于大型系统来说，想要让它在本地运行起来都是一件令人头疼的事情，更别说调试代码了。如果系统有比较完备的单元测试，情况就不一样了。因为单元测试"独立且完整"，所以我们根本不需要启动整个工程，只需要按需调试即可。

如果有比接手别人写的代码更令人难过的事情，那一定是重构别人的代码。我们在维护那些遗留的代码时如履薄冰，面对老旧又臃肿的代码时束手无策，虽然曾经有过一万次想要重构的念头，但是被一万零一次担心改一处而导致整个系统崩溃的念头压了下去。而如果这个系统有很好的单元测试保驾护航，重构起来就会轻松很多，因为每一次改动都可以通过单元测试来验证它的正确性。

写单元测试真的会花费更多时间吗

前文曾提到，写单元测试有一个缺点——需要花费额外的时间。但真的是这样吗？如果你已经写完代码了，甚至项目上线前才开始补写单元测试，那么写单元测试的确会花费更多时间，因为你把它当作负担了。但实际上单元测试是我们的工具，可以用来提高代码可靠性、更早地修复 Bug、更快地熟悉代码、更好地重构代码。也就是说，给你一把斧头，你却不用它砍柴，而只是背着，那它当然是你的负担了，你当然也不愿意花时间打磨它了，道理就是这么简单！

当你开始正确对待单元测试以后，就会发现你写代码的能力也会随之提升，因为要写出更易于进行单元测试的业务代码，需要更好的程序设计能力。代码写得越好，写单元测试就越容易。想要单元测试写起来更顺畅，就需要不断提高程序设计能力，两者相辅相成、相得益彰。

7.1.3 Junit

Junit 是 Java 的一个单元测试框架，也是 Spring Boot 默认的单元测试工具。我们先来看一下 Junit 的几个核心概念和常用注解。

Junit 核心概念及其说明如表 7-1 所示。

表 7-1 Junit 核心概念及其说明

核心概念	说明
Test Class（测试类）	一个测试类包含一个或多个测试用例
Test Case（测试用例）	一个以@Test注释的方法称为一个测试用例，测试用例必须存在于测试类中
Assert（断言）	定义想测试的条件，当条件成立时，Assert方法保持沉默；当条件不成立时，则抛出异常

Junit 常用注解及其说明如表 7-2 所示。

表 7-2 Junit 常用注解及其说明

注　　解	说　　明
@BeforeAll	测试类加载之前执行（静态方法）
@AfterAll	测试类运行结束时执行（静态方法）
@BeforeEach	每个测试方法执行前执行
@AfterEach	每个测试方法执行后执行
@Test	修饰测试方法
@DisplayName	为测试方法设置用于显示的名称
@ParameterizedTest	为测试方法指定参数（如果是多组参数，则会执行多次）
@RepeatedTest	为测试方法设置重复执行次数
@Disabled	被修饰的方法不会被执行
@Timeout	为测试方法设置超时时间（超过指定时间报错）

@BeforeAll、@AfterAll、@BeforeEach、@AfterEach 这几个注解很相似，无法通过语言描述让人体会到它们之间的区别。下面我们通过一个示例来体会一下，代码如下：

```
@BeforeAll
static void beforeAll() {
    log.info("===before all===");
}

@BeforeEach
void setUp() {
    log.info("===before each===");
}

@Test @DisplayName("Test One")
void testOne() {
    log.info("Test One");
}

@Test
@DisplayName("Test Two")
void testTwo() {
    log.info("Test Two");
}

@AfterEach
void tearDown() {
    log.info("===after each===");
}

@AfterAll
```

```
static void afterAll() {
    log.info("===after all===");
}
```

运行这个测试类，控制台会打印出类似如下的日志：

```
[main] INFO - ===before all===
[main] INFO - ===before each===
[main] INFO - Test One
[main] INFO - ===after each===
[main] INFO - ===before each===
[main] INFO - Test Two
[main] INFO - ===after each===
[main] INFO - ===after all===
```

可以看到，@BeforeAll 和 @AfterAll 在一次测试执行中只会执行一次，而 @BeforeEach 和 @AfterEach 则会在每个测试方法的执行前/后都执行一次。其他几个注解比较好理解，源码中也给出了相应的示例，仅供参考。

7.1.4 实战

经过前面章节的学习，我们知道 Spring Boot 想要集成某个功能时都需要引入相关的依赖。不过，这次不需要我们手动添加依赖了。Spring Boot 在创建 Web 工程的时候，已经帮助我们把单元测试的依赖添加好了，可见 Spring Boot 也是希望我们写单元测试的。依赖引用代码如下：

```xml
<dependency>
    <groupId>org.springframework.boot</groupId>
    <artifactId>spring-boot-starter-test</artifactId>
    <scope>test</scope>
</dependency>
```

在 UserServiceImpl 类中按 Ctrl + Shift + T 快捷键，并在弹出的菜单中选择 Create New Test 命令，如图 7-1 所示。

图 7-1 选择 Create New Test 命令

在接下来的 Create Test 对话框中按照图 7-2 所示，勾选对应的复选框，然后单击 OK 按钮。

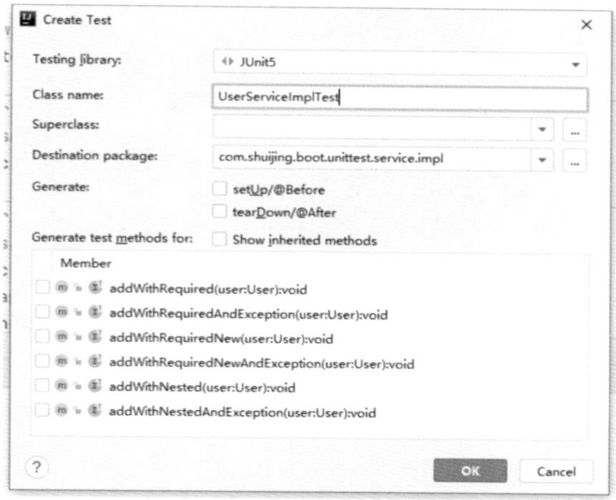

图 7-2　Create Test 对话框

补充剩余的代码：

```
@SpringBootTest
class UserServiceImplTest {

    @Autowired
    UserServiceImpl userService;
    @Test
    @DisplayName("Test Service getById")
    void getById() {
        User user = userService.getById(1);
        Assertions.assertEquals("刘水镜", user.getName());
    }
}
```

你会发现控制台打印了类似下面的日志：

```
DEBUG   22316   druid.sql.Statement:    {conn-10007,    pstmt-20002}
executed. select id, name, email, birth_day, creator, create_time,
modifier, update_time
    from user
    where id = 1
```

这代表执行这个单元测试的时候发生了一次数据库的查询操作，也就是说，Service 层的单元测试调用了 Dao 层代码。这很明显不符合单元测试的要求。这时我们需要使用 Mock 技术帮助我们解决问题。利用 Spring Boot 中默认的 Mock 框架——Mockito 来改造一下上面的代码：

```
@SpringBootTest
class UserServiceImplTest {
```

```java
    @InjectMocks
    UserServiceImpl userService;

    @Mock
    UserMapper userMapper;

    @Test
    @DisplayName("Test Service getById")
    void getById() {
        Mockito.when(userMapper.selectById(1)).thenReturn(new User().setName("刘水镜").setEmail("liushuijing@mail.com"));
        User user = userService.getById(1);
        Assertions.assertEquals("刘水镜", user.getName());
    }
}
```

再次执行单元测试，观察日志的输出，就会发现这次没有进行数据库查询。与数据库的交互逻辑不是 Service 层的单元测试需要关心的事情，而是 Dao 层的单元测试需要考虑的。Service 层的单元测试是在假定 Dao 层全部正确的基础上写的，我们只需要关注 Service 层的逻辑是否正确即可。

下面再来看一个 Controller 层的单元测试，因为 Controller 层需要对外提供 Web 接口，所以它的单元测试和 Service 层的单元测试是不太一样的：

```java
@Slf4j
@SpringBootTest
class UserControllerTest {

    MockMvc mockMvc;

    @Mock
    UserService userService;

    @InjectMocks
    UserController userController;

    @BeforeEach
    void setUp() {
        mockMvc = MockMvcBuilders.standaloneSetup(userController).build();
    }

    @Test
    @DisplayName("Test Controller get")
    void get() throws Exception {
        Mockito.when(userService.getById(1)).thenReturn(new User().setName("刘水镜").setEmail("liushuijing@mail.com"));
```

```
        BDDMockito.given(userService.getById(1)).willReturn(new User().
setName("刘水镜").setEmail("liushuijing@mail.com"));
        mockMvc.perform(MockMvcRequestBuilders.get("/user/{id}", 1)
                .accept("application/json;charset=UTF-8")
                .contentType("application/json;charset=UTF-8"))
                .andExpect(MockMvcResultMatchers.status().isOk())
                .andExpect(MockMvcResultMatchers.jsonPath("$.name")
.value("刘水镜"))
                .andDo(MockMvcResultHandlers.print())
                .andReturn();
        log.info("Test Controllerget");
    }
}
```

首先，Controller 层的单元测试需要用到一个特定的类——MockMvc，这是专门为 Spring MVC 提供支持的；需要为 MockMvc 的实例指定被测试的 Controller（本例中是 UserController）。其次，Mockito 还提供了很多 HTTP 相关的设置，如 accept、contentType 及 JSON 的解析等。

7.2　天有不测风云——异常处理

无论你的代码写得多么无懈可击，也不可能完全避免意外发生。而我们能做的是，在意外发生以后将影响降到最低，使用更加温和的方式将问题反馈出来，让程序不至于直接崩溃。要达到这个目的，我们需要进行异常处理。

在进行异常处理之前，我们需要对 Java 中的异常有一个简单的了解。

7.2.1　异常体系

简单来说，异常就是程序运行时遇到的我们预想之外的情况，而这些意外情况可以按照其严重性及我们对意外的处理能力分成不同的类型。Java 异常体系如图 7-3 所示。

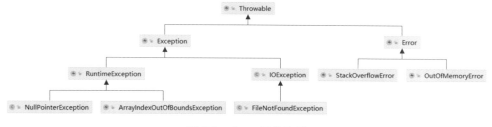

图 7-3　Java 异常体系

Java 中有非常完整的异常机制，所有的异常类型都有一个共同的"祖先"——Throwable。由图 7-3 可以看出，Throwable 下面有两个分支：一个是 Error，另一个是 Exception。

Error

Error 属于非常严重的系统错误，如 OutOfMemoryError 和 StackOverflowError，类似于现实世界中的地震、台风等不可抗力。一旦这类问题发生，我们基本上就束手无策了，能做的通常是预防和事后补救。

Exception

Exception 属于我们能够处理的范畴，如 NullPointerException 和 FileNotFoundException。Exception 还可以进一步细分为受检异常（checked）和非受检异常（unchecked）。

checked 异常

checked 异常指的是需要进行显式处理（try 或 throws）的异常，否则会发生编译错误，IDE 中会有错误提示（图 7-4 所示为 Intellij IDEA 中的提示效果）。Java 中的 checked 异常是一个庞大的家族，除 RuntimeException 和 Error 以外的类都属于 checked 异常。

图 7-4　Intellij IDEA 中的提示效果

checked 异常比 Error 更可控一些，虽然我们不能避免这类异常的发生，但是因为编译器的强制要求，我们必须对这类异常进行显式处理，所以即使发生了 checked 异常，程序也不会因此崩溃。

好比下雨导致原定的室外活动受到影响，但我们可以选择雨停了再举行，或者找一个合适的室内场所来举行。类似地，当程序读取一个文件时，如果发现文件不存在，那么我们可以等一下再试（可能文件还没生成），或者直接返回一个默认的内容。

unchecked 异常

unchecked 异常是最容易掌控的，甚至可以通过良好的编码习惯来避免（没错，就是避免），比如，NullPointerException、IndexOutOtBoundsException 等。

好比我们可以通过培养良好的习惯来避免生活中的很多不必要的麻烦，例如，我们可以提前出门，以避免因为堵车而赶不上飞机。同样地，在使用一个对象前，先判断该对象是否为 null，就可以避免 NullPointerException 的发生。

> 因为 Error 并不是我们能够处理的，所以一般我们所说的异常指的是 Exception，unchecked 异常指的是 RuntimeException 及其子类，checked 异常指的是 Exception 下的其他子类。

7.2.2 全局异常处理

现在我们从理论层面对异常有了很全面的了解，接下来动手实践一下全局异常处理。

全局异常捕获

在 Spring Boot 中进行全局异常捕获非常简单，其核心就是一个注解——@ControllerAdvice/@RestControllerAdvice。两者的区别类似于 @Controller 与 @RestControllerAdvice，这里就不再赘述了。示例代码如下：

```
@Slf4j
@RestControllerAdvice
public class GlobalExceptionHandler {

    @ExceptionHandler(Exception.class)
    public Result<Boolean> globalException(Exception e) {
        Result<Boolean> result = new Result<>();
        result.setCode(MessageEnum.ERROR.getCode());
        result.setMessage(e.getMessage() == null ? MessageEnum.ERROR.getMessage(): e.getMessage());
        log.error(e.getMessage(),e);
        return result;
    }

    @ExceptionHandler(ApiException.class)
    public Result<Boolean> apiException(ApiException e) {
        Result<Boolean> result = new Result<>();
        result.setCode(e.getCode());
        result.setMessage(e.getMessage());
        log.error(e.getMessage(),e);
        return result;
    }

}
```

GlobalExceptionHandler 的代码很简单，其核心逻辑就是捕获异常，然后将错误信息封装，最后以 JSON 格式返回给前端。这里我们只是粗略地对 APIException 和

Exception 进行分别捕获，在实际应用中可以根据自己的情况定制更细化的方案，也就是多加上几个对应不同类型异常的方法而已。

整齐划一的结构

为了让我们的代码更加优雅，我们需要添加两个辅助类——MessageEnum 和 Result。

MessageEnum 类

MessageEnum 类封装了错误信息和错误代码，并将它们集中起来统一管理，以更好地应对将来的变化。假如程序中有 100 处都使用了 "操作成功！" 这句话作为 message，我们就要写 100 遍。而如果有一天，产品经理说 "4 个字太多了"，让我们改成 "成功！"，就需要将那 100 个 "操作成功！" 修改成 "成功！"，太令人崩溃了。示例代码如下：

```
@Getter
public enum MessageEnum {
    ERROR(500, "系统错误"),
    SUCCESS(0, "操作成功！"),
    ;
    private final Integer code; private final String message;
    MessageEnum(Integer code, String message) {
        this.code = code;
        this.message = message;
    }
}
```

集中管理的好处显而易见，如果产品经理提出上面的需求，那么我们只需要在这个类中去掉两个字即可。

Result 类

Result 类的作用是让接口返回值变得更加优雅。无论什么接口返回值都是 "三大件"——code、message 和 data（业务数据）。示例代码如下：

```
@Data
@NoArgsConstructor
@AllArgsConstructor
public class Result<T> {

    private Integer code;
    private String message;
    private T data;
    public static <T> Result<T> success() {
        return success(null);
    }

    public static <T> Result<T> success(T data) {
```

```java
        return new Result<>(MessageEnum.SUCCESS.getCode(), MessageEnum.
SUCCESS.getMessage(), data);
    }

    public static <T> Result<T> error() {
        return error(MessageEnum.ERROR);
    }

    public static <T> Result<T> error(MessageEnum messageEnum) {
        return new Result<>(messageEnum.getCode(),messageEnum.
getMessage(),null);
    }

    public static <T> Result<T> error(String message) {
        return error(message, MessageEnum.ERROR.getCode());
    }

    protected static <T> Result<T> error(String message, Integer code) {
        return new Result<>(code,message,null);
    }

}
```

效果

统一结构

先将原来的接口改造成统一结构的返回值,即使用 **Result** 类封装返回值:

```java
@ApiOperation(value = "查询")
@GetMapping(value = "/{id}")
public Result<User> get(@PathVariable Integer id) {
    return  Result.success(userService.getById(id));
}
```

改造前的返回值:

```
{
  "id": 1,
  "creator": "初始化",
  "createTime": "2021-05-16T23:01:26",
  "modifier": "初始化",
  "updateTime": "2021-05-16T23:01:26",
  "name": "小刘",
  "email": "xiaoliu@mail.com",
  "birthDay": "2011-01-01"
}
```

改造后的返回值:

```
{
```

```
  "code": 0,
  "message": "操作成功！",
  "data": {
    "id": 1,
    "creator": "初始化",
    "createTime": "2021-05-16T23:01:26",
    "modifier": "初始化",
    "updateTime": "2021-05-16T23:01:26",
    "name": "小刘",
    "email": "xiaoliu@mail.com",
    "birthDay": "2011-01-01"
  }
}
```

经过对比可知，改造前，接口返回值的外层结构是随着接口不同而不同的，而改造后，不管什么接口，返回值的外层永远都是固定的 3 个字段：code、message 和 data。

统一异常处理

做好上面的准备工作后，我们写一个抛出异常的接口：

```
@Api
@RestController
@RequestMapping("/exception")
public class ExceptionController {
    @GetMapping("/runtimeexception")
    public Result<Boolean> runtimeException() {
        throw new RuntimeException();
    }
}
```

没有全局异常处理的错误返回值：

```
{
  "timestamp": "2021-06-05T18:36:29.046+00:00",
  "status": 500,
  "error": "Internal Server Error",
  "message": "",
  "path": "/springboot/exception/runtimeexception"
}
```

开启全局异常处理的返回值：

```
{
  "code": 500,
  "message": "系统错误",
```

```
    "data": null
}
```

开启全局异常处理以后,即使出现异常,接口返回值的结构也是稳定的,这样对于调用方(前端、移动端、其他系统)来说是更加友好的。我们按照约定好的结构处理数据,可以大大地降低接口处理的复杂度。

7.2.3 异常与意外

程序中的异常就像生活中的意外,有些我们无能为力,有些我们可以制定处理措施,有些则可以避免。人们总说"意外和明天,你永远不知道哪个会先来",虽然我们无法左右谁先来,但我们能做的是:把握住自己能够掌控的,尽力改善我们能影响的,坦然接受我们无能为力的。

7.3 软件系统的黑匣子——日志

记得小学刚刚开始学习写作文的时候,老师要求每个人每天写一篇日记。那时候写的真的是"日记",基本上每一篇日记都会写天气如何,吃了什么,玩了什么……可能还会在自己的私人日记本里记录一些秘密。

我们写的日记是对生活的一种记录,同样地,程序中的日志是对程序运行情况的一种记录。

7.3.1 日志的作用

程序中记录的日志有什么作用呢?

日志记录的是程序的运行情况,包括用户的各种操作、程序的运行状态等信息。就像飞机上的黑匣子,它记录了飞机在飞行过程中发生的情况,可以帮助我们进行分析、复盘,尤其是在飞行过程中遇到突发情况的时候,黑匣子是帮助我们找到问题根源的重要依据。而日志就是软件系统的"黑匣子"。

日志 vs Debug

说到定位问题,一位名叫 Debug 的同学愤然起身,高声喝道:"说到定位问题,我 Debug 认第二,就没人敢认第一,这个叫日志的家伙是谁,有本事出来单挑!"

的确,在开发环境中,Debug 称第二,没人敢称第一。但是在生产环境中,它就有点"张飞扔鸡毛——有劲儿使不上了"。什么？它还有一个"表哥"——远程 Debug？如果你敢在生产环境中使用远程 Debug，相信你的领导会分分钟"提刀"向你走来。

之所以在生产环境中不能使用 Debug，一是因为断点会阻塞所有请求；二是因为有些偶发性问题很难复现。而日志则完美避免了这两个问题，所以日志成了定位生产环境问题的不二之选。正所谓"日志打得好，线上没烦恼"。

7.3.2 日志级别

事有轻重缓急，日志也不例外。日志可以通过划分不同的级别来输出不同的信息。表 7-3 所示为日志级别及其描述。

表 7-3 日志级别及其描述

日志级别	描述
OFF	关闭：不输出日志
FATAL	致命：用于输出可能会导致应用程序终止（崩溃）的错误
ERROR	错误：用于输出程序的错误（这些错误不会导致程序崩溃）
WARN	警告：用于输出警告信息，提示可能出现的问题
INFO	信息：用于输出应用运行过程的详细信息
DEBUG	调试：用于输出更细致的对调试应用有用的信息
TRACE	跟踪：用于输出更细致的程序运行轨迹
ALL	所有：用于输出所有级别信息（包括自定义级别）

日志级别的输出规则：假如当前日志级别为 INFO，则会将 INFO、WARN、ERROR、FATAL 级别的日志都打印出来，也就是说，会打印大于或等于当前日志级别的所有日志。

常用日志级别

在以上日志级别中，最常用的是 DEBUG、INFO、WARN、ERROR。其他级别不常用，也不推荐大家在实际生产中使用。

ERROR

ERROR 级别的日志虽然不至于导致程序立刻崩溃，但是也已经影响用户正常使用了。因此，当出现 ERROR 级别的日志时，需要相关人员及时处理，以免损害用户利益，影响公司形象与品牌。配合监控系统，可以对 ERROR 级别的日志进行监控，然后通过邮件或即时通信工具（钉钉、微信都可以与监控系统进行集成）向相关人员发送通知，从而更快速地解决问题，提升用户体验。

ERROR 级别的日志一般用来记录程序中发生的异常信息（Exception），或者用来记录业务逻辑错误。

WARN

WARN 级别的日志通常用来记录那些因用户操作不当，或者网络不稳定而出现的非预期情况。比如，用户频繁调用验证码接口、上传的文件格式不符、系统获取连接超时等。这些情况虽然不是很严重，但是如果一直不处理，任由其持续下去，就可能会影响程序的正常运行。假如一直超时，所有请求都被阻塞，就会出现很严重的后果。通常的处理方法是设置一个阈值，当 WARN 级别的日志数超过这个阈值以后，监控系统就发出报警信息，将问题"扼杀"在摇篮中。

INFO

INFO 是默认的日志级别，也是使用最多的，用来记录程序的正常运行记录。当然，使用最多并不代表随意记录 INFO 日志。INFO 日志主要用来记录一些程序执行的关键信息，比如，资源初始化、销毁、某个复杂的业务逻辑的开始与结束、重要的参数信息、业务执行耗时等。由于 INFO 级别的日志用来记录关键信息，不能滥用，否则信息全是关键信息就等于没有关键信息了。

DEBUG

DEBUG 级别的日志会非常详细地（当然 TRACE 级别的日志更详细，但有时候我们不喜欢使用太详细的内容）输出程序的运行情况。这样一来，我们不仅可以掌控自己的程序的运行情况，还可以很好地了解一些第三方框架的运行轨迹。DEBUG 级别虽然很好，但千万不要随便开启。因为过多的日志输出会严重消耗资源，影响程序性能。所以，在本地开发时再开启 DEBUG 级别即可。

7.3.3　常见日志框架

日志框架中其实还有两个更详细的分类——日志门面和日志实现。如果你了解设计模式，那么对于"门面"这个词应该不会感到陌生，就是 facade 模式。如果你不了解设计模式，那么可以将日志门面理解为日志的接口框架，即对日志输出定义了一套标准，可以配合相应的日志实现框架一起使用。

日志门面

- JCL
- SLF4J

日志实现

- Log4j
- Log4j2
- Logback
- J.U.L

JCL

JCL（Jakarta Commons-Logging）是 Apache 推出的一款日志门面框架，于 2005 年面世，到 2014 年已经不再更新了。

SLF4J

由于 SLF4J（Simple Logging Facade For Java）读起来太费劲，所以我更喜欢称呼它为"水立方"。它是由 Ceki 编写的一个日志门面框架。当年，Ceki 认为 Apache 的 commons-logging 写得不够好，于是自己动手编写了 SLF4J。

Log4j

对于 Log4j，很多人应该都听过或者用过。它是一个非常经典的日志框架，其作者也是 Ceki，后来托管给了 Apache，目前也不再更新了。

Log4j2

看到 Log4j2 的名字，你可能会说，肯定又是 Ceki 写的，是 Log4j 的升级版。还真不是！Log4j2 出品自 Apache，与 Log4j 的关系仅仅就是名字差不多。

Logback

Logback 才是 Log4j 的"一奶同胞"，同样出自 Ceki 之手。当初 Ceki 认为 Log4j 写得不够好，于是直接重写了一个。而 Logback 确实优秀，目前的 Spring Boot 也将它作为默认的日志框架。

J.U.L

J.U.L 是 Java 原生的日志，从 JDK 1.4 开始引入，其功能过于简陋，但它是 JDK 中自带的。

如何选择

我们需要在日志门面和日志实现中分别选择一个，并将它们组合起来使用。这里我们选择 SLF4J + Logback 的组合，原因如下：

- 同根同源，配合默契
- Spring Boot 的默认组合，久经考验

7.3.4 配置

在 Spring Boot 中，日志的配置方式有两种：一种是直接在 application.yml 文件中配置；另一种是在外置 logback-spring.xml 文件中配置。在修改配置之前，我们先来看一下默认情况下的日志输出格式：

```
2021-06-06 21:54:34.041  INFO 1768 --- [nio-8080-exec-1]
c.s.boot.log.controller.LogController    : log level info
```

可以看到，默认情况下一条日志是由以下几部分组成的：
- 日期时间
- 日志级别
- 进程 ID
- ---分隔符
- [xxx]线程名
- 类路径
- 日志消息

application.yml 文件配置方式

在 application.yml 文件中进行一些简单的配置：

```
logging:
  pattern:
    console: "%d - %m%n"
```

然后看一下输出效果：

```
2021-06-06 22:25:59,015 - log level info
```

可以看到，我们的配置生效了，输出的日志是按照我们的配置格式打印的日志。

在 application.yml 文件中，适合进行比较简单的配置。日志相关的配置项如图 7-5 所示。

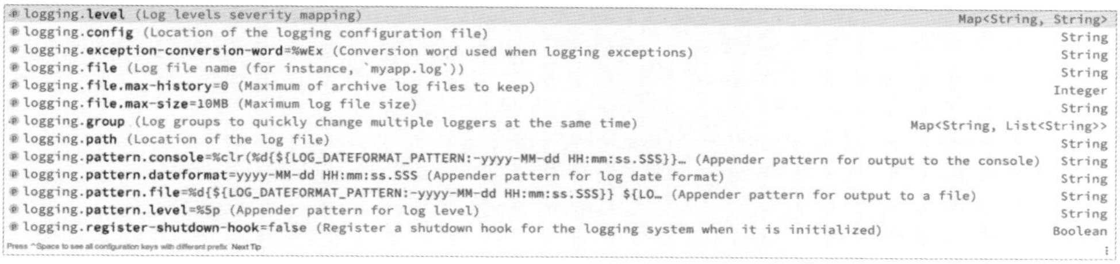

图 7-5　日志相关的配置项

logback-spring.xml 文件配置方式

如果你有更多样的配置需求，就需要使用外置 XML 文件的配置方式了。一个详细的配置示例如下：

```xml
<?xml version="1.0" encoding="UTF-8" ?>

<configuration>

    <!-- 日志文件存放路径-->
    <property name="PATH" value="/var/logs"/>

    <!-- 彩色日志依赖的渲染类 -->
    <conversionRule conversionWord="clr" converterClass="org.springframework.boot.logging.logback.ColorConverter"/>
    <conversionRule conversionWord="wex"
converterClass="org.springframework.boot.logging.logback.WhitespaceThrowableProx yConverter"/>
    <conversionRule conversionWord="wEx"
converterClass="org.springframework.boot.logging.logback.ExtendedWhitespaceThrow ableProxyConverter"/>
    <!-- 彩色日志格式 -->
    <property name="CONSOLE_LOG_PATTERN"
            value="${CONSOLE_LOG_PATTERN:-%clr(%d{yyyy-MM-dd HH:mm:ss.SSS}){faint} %clr(${LOG_LEVEL_PATTERN:-%5p}) %clr(${PID:- }){magenta} %clr(---){faint} %clr([%15.15t]){faint} %clr(%-40.40logger {39}){cyan} %clr(:){faint} %m%n${LOG_EXCEPTION_CONVERSION_WORD:-%wEx}}"/>
    <!-- 文件日志格式 -->
    <property name="FILE_LOG_PATTERN"
            value="%d{yyyy-MM-dd HH:mm:ss.SSS} [%thread] %-5level %logger {36} -%msg%n"/>

    <!-- 控制台输出配置-->
    <appender name="console" class="ch.qos.logback.core.ConsoleAppender">
        <!--日志输出格式-->
        <layout class="ch.qos.logback.classic.PatternLayout">
            <pattern>
                ${CONSOLE_LOG_PATTERN}
            </pattern>

        </layout>
    </appender>

    <!-- INFO 级别的日志文件输出配置-->
```

```xml
        <appender name="info"
class="ch.qos.logback.core.rolling.RollingFileAppender">
            <!--按级别过滤日志，只输出 INFO 级别的日志-->
            <filter class="ch.qos.logback.classic.filter.LevelFilter">
                <level>INFO</level>
                <onMatch>ACCEPT</onMatch>
                <onMismatch>DENY</onMismatch>
            </filter>
            <!--当天日志文件名-->
            <File>${PATH}/info.log</File>
            <!--按天分割日志文件-->
            <rollingPolicy
class="ch.qos.logback.core.rolling.TimeBasedRollingPolicy">
                <!--历史日志文件名规则-->
                <fileNamePattern>${PATH}/info.log.%d{yyyy-MM-dd}.%i</fileNamePattern>
                <!--按大小分割同一天的日志-->
                <timeBasedFileNamingAndTriggeringPolicy
class="ch.qos.logback.core.rolling.SizeAndTimeBasedFNATP">
                    <maxFileSize>100MB</maxFileSize>
                </timeBasedFileNamingAndTriggeringPolicy>
                <!--日志文件保留天数-->
                <maxHistory>30</maxHistory>
            </rollingPolicy>
            <!--日志输出格式-->
            <layout class="ch.qos.logback.classic.PatternLayout">
                <Pattern>${FILE_LOG_PATTERN}</Pattern>
            </layout>
        </appender>

        <!-- ERROR 级别的日志文件输出配置-->
        <appender name="error"
class="ch.qos.logback.core.rolling.RollingFileAppender">
            ...
        </appender>

        <!--日志级别-->
        <root level="info">
            <appender-ref ref="console"/>
            <appender-ref ref="info"/>
            <appender-ref ref="error"/>
        </root>

    </configuration>
```

我们配置了日志的输出路径、日志的输出格式、日志的滚动分割规则、日志的保留时间和日志的文件大小，还将不同级别的日志分别输出到相应的日志文件中。这已经可以说是一个比较完整的配置了，当然，还可以加上针对不同环境使用不同的策略配置。

日志格式变量介绍

- %level 表示输出日志的级别
- %date 表示日志发生时的时间，可缩写为%d
- %logger 用于输出 Logger 的类路径，即包名+类名，{n}限定了输出长度，如果输出长度不够，则尽可能显示类名、压缩包名
- %thread 表示当前线程名
- %M 即 Method，表示日志发生时的方法名
- %L 即 Line，表示日志调用所在代码行。在线上运行时，不建议使用此参数，因为获取代码行对性能有消耗
- %m 即 Message，表示日志消息
- %n 表示换行

7.3.5 规范

使用日志门面

尽量不要直接使用日志实现（如 Log4j、Logback 等）中的 API，而是应该使用日志门面框架 SLF4J 中的 API，因为使用门面模式的日志框架，便于维护和统一处理日志。

使用占位符

不要使用以下这种字符串拼接的方式打印日志：

```
log.info("username: " + username + " IP: "+ ip + "platform: " + platform);
```

原因：

- 可读性差，变量越多会越差
- 当日志级别为 WARN 或 ERROR 时，该日志不会被打印，但仍然会进行字符串拼接，浪费资源

应该使用如下的占位符方式：

```
log.info("username:{} IP:{} platform:{}", username, ip, platform);
```

完整的堆栈信息

当发生异常时，将完整的堆栈信息打印出来，这样才能更准确地定位问题，而下面这种方式只会打印基本的错误信息，比如，只会告诉你产生了空指针，但无法告诉你位置在哪里。

```
log.error("xxx 错误: {}", e.getMessage());
```

正确的方式：

```
log.error("xxx 错误: {}", e.getMessage(), e);
```

日志最少保存两周以上

日志文件至少保存两周，因为有些异常具备以"周"为频次发生的特点。

禁止 System.out.println

System.out.println 只会将内容打印到控制台上，不会将内容输出到文件中。使用 e.printStackTrace 得到的也是相同的效果。

正确地使用日志级别

我们必须正确地使用日志级别，如果程序发生了异常，我们却使用 INFO 级别打印日志，在排查问题时就会增加不必要的障碍。

使用@Slf4j

推荐使用 Lombok 框架的@Slf4j 注解开启日志，不仅可以减少样板代码的编写量，提升效率，还可以避免书写错误导致的问题。

> 以上 7 条规范是我觉得比较重要的内容，可以为你提供一个参考，而且你可以在此基础上不断地进行完善。

7.3.6 得日志者得天下

日志所记录的程序运行的轨迹与状态，可以帮助我们很好地对程序进行分析与优化。虽然日志具有非常重要的作用，但是它一直默默无闻，容易被人忽略，以致很多人并不重视它。日志蕴含着非常宝贵的信息，所以当你重视日志，善于使用和分析日志的时候，你就超越了身边的很多人，成为一个分析问题、解决问题的高手。

7.4 要点回顾

- 单元测试要无副作用、可重复运行、独立且完整
- 单元测试可以帮助你节省开发成本
- 异常处理
- 日志很重要，但使用时要遵循一定的规范

第 8 章

Spring Boot 的核心原理

Spring 的两大核心思想是 IOC 和 AOP，而 Spring Boot 在 Spring 的基础上进行了自动配置。本章我们就一起来剖析这些特性的内在原理。

8.1 你真的懂 IOC 吗

IOC（Inversion of Control，控制反转）并不是一种技术，而是一种编程思想，最常见的实现方式叫作"依赖注入"（Dependency Injection，简称 DI），还有一种方式叫作"依赖查找"（Dependency Lookup，简称 DL）。

8.1.1 实现方式

IOC 的实现方式主要有两种：一种是依赖查找，另一种是依赖注入。两者的主要区别在于查找是主动行为，而注入是被动行为。依赖查找会主动寻找对象所需的依赖，同时获取依赖对象的时机也是可以自行控制的；依赖注入则会被动地等待容器为其注入依赖对象，由容器通过类型或者名称将被依赖对象注入相应的对象中。

依赖查找

依赖查找会主动获取，在需要的时候通过调用框架提供的方法来获取对象，并且在获取时需要提供相关的配置文件路径、key 等信息来确定获取对象的状态。EJB 就是使用依赖查找实现的控制反转。依赖查找建立在 Java EE 的 JNDI 规范之上，但随着 EJB 的衰落，其实现方式也慢慢无人问津。

依赖注入

依赖注入是控制反转最常见的实现方式，这在很大程度上得益于 Spring 在 Java 领域的垄断地位。在 Spring 中使用依赖注入可以通过如下 4 种方式：
- 基于接口
- 基于 Set 方法
- 基于构造函数
- 基于注解

由于注解方便、好用，目前几乎所有系统都使用注解的方式来完成依赖注入。实际上，我们已经对使用注解的依赖注入方式很熟悉了，在之前的小节中就已经用过 N 次了。首先使用@Controller、@Service、@Component 等注解将类声明为 Spring Bean，然后使用@Autowire 注解注入依赖对象。

8.1.2　传统方式 vs 控制翻转

我们都知道，Class A 代表 A 是一个类，而 A a = new A()代表创建一个 A 类型的对象 a。在没有控制反转的情况下，在 A 类中使用 B 类的 b 对象时，需要在 A 类中新建一个 b 对象。如果我们使用控制反转，则只需要先在 A 类中声明一个私有的 b 对象，即 private B b，然后将创建 b 对象的工作交由容器来完成。容器会根据注解或者配置文件将 b 对象注入 A 类的实例中。

虽然上面介绍了很多，但是要想真真切切地感受一下控制反转思想相对于传统方式有哪些不同，还需要通过实实在在的代码示例才可以。

> 前情提要：有个小伙儿叫小明，他有一个爱好——喜欢出去逛。下面我们用代码来实现一下。

传统方式

首先创建一个 Person 类，它有一个 hangOut 方法，一个 Driveable 接口，然后创建一个 Bike 类并实现 Driveable 接口：

```
public class Person {
    public void hangOut() {
        ......
    }
}

public interface Driveable{
    void drive();
}

@Slf4j
```

```
public class Bike implements Driveable {
    public void drive() {
        log.info("骑着自行车出去逛~");
    }
}
```

共享单车

刚刚大学毕业的小明虽然很喜欢出去玩，但是只能骑一个共享单车。

```
public class Person {
    public void hangOut() {
        Driveable bike = new Bike();
        bike.drive();
    }
}
```

虽然小明只能在周围 5 千米范围内逛一逛，不过倒也悠哉。

开车自驾

经过不断地学习和努力，小明收入越来越高，终于有了一辆属于自己的车，以后出去逛就可以开车了。

```
public class Person {
    public void hangOut() {
//        Driveable bike = new Bike();
//        bike.drive();
        Driveable car = new Car();
        car.drive();
    }
}
```

这时小明可以开车来一场"说走就走"的自驾游啦，快哉！

诗和远方

后来，小明不再满足自驾游的短途旅行，喜欢上了"诗和远方"，于是其出游的交通工具变成了高铁。

```
public class Person {
    public void hangOut() {
//        Driveable bike = new Bike();
//        bike.drive();
//        Driveable car = new Car();
//        car.drive();
        Driveable train = new Train(); train.drive();
    }
}
```

这时小明只要买一张火车票就可以游历祖国的大好河山，美哉！

异国风光

没过多久，小明游遍了国内的美景，开始向往异国风光，于是开启了飞行之旅。

```
public class Person {
   public void hangOut() {
//      Driveable bike = new Bike();
//      bike.drive();
//      Driveable car = new Car();
//      car.drive();
//      Driveable train = new Train();
//      train.drive();
      Driveable airPlane = new AirPlane(); airPlane.drive();
   }
}
```

这时小明可以乘坐飞机去感受异域文化，体味不同的风土人情，妙哉！

漂洋过海

你可能猜到了，没过多久，小明的心又飘向了海洋。

```
public class Person {
   public void hangOut() {
//      Driveable bike = new Bike();
//      bike.drive();
//      Driveable car = new Car();
//      car.drive();
//      Driveable train = new Train();
//      train.drive();
//      Driveable airPlane = new AirPlane();
//      airPlane.drive();
      Driveable ship = new Ship();
      ship.drive();
   }
}
```

这时小明可以乘风破浪，感受无边的海洋，壮哉！

虽然出去玩可以悠哉、快哉、美哉、妙哉甚至壮哉，但是我们发现，每换一种交通工具，就需要修改 Person 类，非常麻烦，而且不符合面向对象的开闭原则。接下来我们看看使用控制反转会发生什么。

控制反转

改造 Person 类，将交通工具从 hangOut 方法中提取出来，变成 Person 类的私有成员变量：

```
@AllArgsConstructor
```

```java
public class Person {

    private Driveable driveable;
    public void hangOut() {
        driveable.drive();
    }
}
```

编写一个简易的 IOC 容器：

```java
public class Container {

    private Map<Class<?>,Object> beans = new HashMap<>();
    public <T> T getBean(Class<T> key) {
        return (T) beans.get(key);
    }

    public <T> void put(Class<T> key, T value) {
        beans.put(key, value);
    }
}
```

效果如下：

```java
public class IocTests {

    // Bean 容器
    private Container container;
    /**
     * 模拟 Spring 容器初始化
     */
    @BeforeEach
    public void init() {
        container = new Container();
        container.put(Bike.class,new Bike());
        container.put(Car.class,new Car());
        container.put(Train.class,new Train());
        container.put(AirPlane.class,new AirPlane());
        container.put(Ship.class,new Ship());
    }

    @Test
    public void test() {
        // 模拟 @Autowired 注入
        Driveable bike = container.getBean(Bike.class);
        Person xiaoMing = new Person(bike);
        xiaoMing.hangOut();
        Driveable car = container.getBean(Car.class);
```

```
        xiaoMing = new Person(car);
        xiaoMing.hangOut();
        Driveable train = container.getBean(Train.class);
        xiaoMing = new Person(train);
        xiaoMing.hangOut();
        Driveable airPlane = container.getBean(AirPlane.class);
        xiaoMing = new Person(airPlane);
        xiaoMing.hangOut();
        Driveable ship = container.getBean(Ship.class);
        xiaoMing = new Person(ship);
        xiaoMing.hangOut();
    }
}
```

由上面代码可以看出，小明可以在出行前选择乘坐哪种交通工具，无须再修改 Person 类。小明只需要关心"要不要出去逛"即可，不需要关心到底怎么去。而采用传统方式根本无法做到这一点。

8.1.3　IOC 的意义

在面试的过程中，我经常问应聘者一个问题：

> IOC 相对于传统方式，有什么好处？

在通常情况下，我得到的回答是：有了 IOC 就不需要手动创建对象了，只需要通过 @Autowired 注解即可。

当然，这是 IOC 提供的一个好处。但是 IOC 更核心的意义并不在于此，其最大的好处在于让我们的代码脱离了对具体实现的依赖。通过两种方式的类图，我们可以更清晰地感受到这一点。

传统方式的类图如图 8-1 所示。

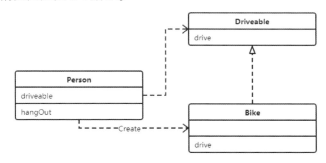

图 8-1　传统方式的类图

由图 8-1 可知，Person 类既依赖 Driveable 接口，又依赖 Bike 实现类。

```
// 这行代码不仅依赖了接口，还依赖了实现
Driveable bike = new Bike();
```

IOC 方式的类图如图 8-2 所示。

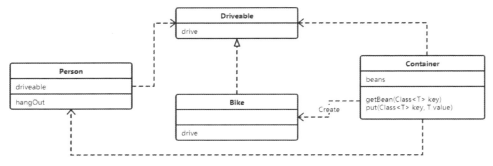

图 8-2　IOC 方式的类图

由图 8-2 可知，使用 IOC 以后，Person 类通过容器摆脱了对具体实现的依赖，只对接口有依赖。依赖抽象的接口，屏蔽具体的实现，可以降低代码的耦合度，也很符合面向对象设计的依赖倒转原则。

8.2　什么是 AOP

上一节我们一起学习了 Spring 的 IOC，而提到 IOC 就不得不提起另外一个词——AOP。在 Spring 的世界里，IOC 和 AOP 总是形影不离的，而且配合默契。

8.2.1　AOP 与 OOP

AOP（Aspect Oriented Programming，面向切面的程序设计）也是一种编程思想。作为 P 字家庭的一员，AOP 经常会被拿来和 OOP 做对比。P 家族的程序设计思想主要包含 4 个成员：
- OOP（Object Oriented Programming，面向对象编程）
- AOP（Aspect Oriented Programming，面向切面编程）
- POP（Process Oriented Programming，面向过程编程）
- FP（Functional Programming，函数式编程）

OOP 的语言包括我们熟悉的 Java、C++、C#等；AOP 其实只能作为 OOP 的一种补充或者延伸，与其他 3 个成员不属于同一类，主要包括 Spring、AspectJ、Jboss-AOP、AspectWerkz 等实现；POP 可以说是最悠久的编程方式了，最具代表性的就是 C 语言；

FP 近些年比较火热，如 Python、Ruby 等，其实 FP 已经诞生很久了，现在又"重获生机"，连 Java 从 1.8 版本以后都开始支持函数式编程（Lambda 表达式）了。

8.2.2 为什么用 AOP

我们来看一个小故事：

小明接到一个需求，现在有一个下单的业务逻辑，需要记录一下整个下单流程消耗的时间，以便后续进行性能优化。小明思考了一下，觉得很简单，可以在下单之前记录一下开始时间，在下单完成后记录一下结束时间，然后让结束时间减去开始时间，就可以得到整个下单流程所消耗的时间了，完美！

后来，需要记录一次商品搜索需要花费的时间，于是小明按照上面的思路，在搜索逻辑中加入了记录时间的代码。再后来，又需要记录登录所需要的时间……

随着产品的迭代，系统中需要统计时间的接口越来越多。直到某一天，产品经理说："为了让统计结果更加精确，我们需要把原来的时间单位由秒修改成毫秒，就修改一下单位，应该很简单吧，今天下班前能上线吗？"

然而小明看着自己写的几百个统计时间的接口，直接无能为力了！

我们不难发现，记录任何业务逻辑的执行时间所需要的操作都是一样的，都是记录一个开始时间和一个结束时间，然后求两个时间点的差值。对于这样有共性的逻辑，我们首先想到的就是将其封装成一个方法，然后哪里需要就在哪里调用，这是面向对象的编程思想。但仔细想想，在使用面向对象的编程方式时，虽然我们将代码进行了封装，但是貌似对原有的业务代码仍然有侵入。如果有一天需要记录日志时应该怎么办呢？还是需要修改每一个记录日志的方法。那么，如何解决代码侵入的问题呢？

AOP 的诞生就是为了弥补 OOP（面向对象编程）的不足。面向对象非常擅长解决纵向的业务逻辑，但是对于横向的公共操作却显得有些"力不从心"。而 AOP 却是这方面的"好手"。下面通过图 8-3 来感受一下 AOP。

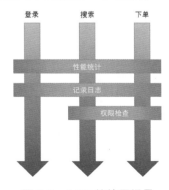

图 8-3　AOP 的使用场景

图 8-3 中纵向的登录、搜索、下单都属于业务逻辑，这些是面向对象擅长的领域；横向的性能统计、记录日志、权限检查是一些系统中公共的操作，这些是 AOP 擅长的领域。由图 8-3 可以看出，横向的 AOP 操作作用到纵向的业务逻辑上，就好像在业务逻辑上横着切了 3 刀，因此被称为面向切面编程是非常贴切的。

8.2.3 用在什么地方

AOP 中的核心概念

- **Advice**（通知）：想要让 AOP 做的事情，比如，图 8-3 中的性能统计
- **JoinPoint**（连接点）：允许 AOP 通知的地方，比如，在方法被调用前检查权限，这个"方法被调用前"就是一个 JoinPoint
- **Pointcut**（切入点）：用于筛选 JoinPoint 的条件。只有符合 Pointcut 条件的 JoinPoint 才会执行 Advice，上图中只有下单和搜索前才会进行权限检查
- **Aspect**（切面）：一个包含 Advice 和 Pointcut 的集合，完整地定义了符合什么条件时做什么事。上图中的每一条横线就是一个 Aspect，比如，当搜索或下单接口被调用时进行权限检查

要想知道 AOP 可以用在哪些场景，我们需要从 AOP 其中一个概念入手——Advice（通知）。我们简单回顾一下。

- **Before**：在目标方法执行前调用 Advice
- **After[finally]**：在目标方法执行完成后调用 Advice
- **After-Returning**：在目标方法成功执行后调用 Advice
- **After-Throwing**：在目标方法抛出异常后调用 Advice
- **Around**：一般解释为环绕/包裹目标方法调用 Advice，是可定制化调用的 Advice

AOP 的适用场景

Before 可以在目标方法执行前做一些事情，如解析请求参数、进行权限检查等；**After** 可以在目标方法执行完成后记录一些日志；**After-Returning** 可以与 **Before** 配合计算目标方法执行时间；**After-Throwing** 可以在目标方法抛出异常后做一些处理；而 **Around** 基本上可以做以上所有的事情。

根据 AOP 的能力与特点，我们通常会在以下场景中使用 AOP：

- 参数检查
- 日志记录
- 异常处理
- 性能统计

除了上面这些基础功能，还可以利用 AOP 做一些更加复杂的通用处理：
- 事务控制
- 缓存处理
- 权限控制
- ……

8.2.4 怎么用

了解了 AOP 的应用场景以后，就可以动手实践了。首先从我们最熟悉的记录日志开始下手，引入 AOP 的依赖：

```
<dependency>
    <groupId>org.springframework.boot</groupId>
    <artifactId>spring-boot-starter-aop</artifactId>
</dependency>
```

然后创建 **AspectController** 类：

```
@Slf4j
@RestController
@RequestMapping("/aspect")
public class AspectController{

}
```

最后创建一个切面类 **WebAspect**：

```
@Slf4j
@Aspect
@Component
public class WebAspect {

}
```

在类上加上 @Aspect 注解，可以用来标识该类为一个 AOP 的切面。

日志记录

首先在 **AspectController** 类中添加如下接口：

```
@GetMapping
public Result aspect(String message) {
    log.info("aspect controller");
    return Result.sucess(message);
}
```

然后在 **WebAspect** 类中添加如下代码：

```java
@Pointcut("execution(public * com.shuijing.boot.aop.*.*(..))")
public void pointCut() {
}

@Before(value = "pointCut()")
public void before(JoinPoint joinPoint) {

    String methodName = joinPoint.getSignature().getName();
    String className = joinPoint.getTarget().getClass(). getName();
    Object[] args = joinPoint.getArgs();
    String[] parameterNames = ((MethodSignature)joinPoint.
getSignature()).getParameterNames();

    HttpServletRequest request = ((ServletRequestAttributes)
RequestContextHolder.getRequestAttributes()).getRequest();

    Map<String, Object> paramMap = new HashMap<>();
    for (int i = 0; i < parameterNames.length; i++) {
        paramMap.put(parameterNames[i], args[i]);
    }

    log.info("path: {}",request.getServletPath());
    log.info("class name: {}",className);
    log.info("method name: {}",methodName);
    log.info("args: {}",paramMap.toString());
}

@After(value = "pointCut()")
public void after(JoinPoint joinPoint) {
    log.info("{} after", joinPoint.getSignature().getName());
}

@AfterReturning(value = "pointCut()", returning = "returnVal")
public void afterReturning(JoinPoint joinPoint, Object returnVal) {
    log.info("{} after return, returnVal: {}",
joinPoint.getSignature().getName(), returnVal);
}
```

before 方法中获取了请求路径（path）、完整类路径、目标方法名、参数信息。after 方法中打印了目标方法名。afterReturning 方法中打印了目标方法的返回值。

> @Pointcut 用来定义切点；execution 是用来匹配连接点的执行方法；public 代表要匹配访问权限为 public 的方法；第一个*代表返回值为任意类型；com.shuijing.boot.aop 为包路径；第二个*代表前面包路径下的任意类；第三个*代表任意方法；(..)代表任意参数。

下面我们看一下日志的输出内容：

```
WebAspect              : before path: /aspect
WebAspect              : before class name: com.shuijing.boot.aop.
AspectController
WebAspect              : before method name: aspect
WebAspect              : before args: {message=Hi}
AspectController       : aspect controller
WebAspect              : aspect after return, returnVal: Result(code=0,
message=操作成功!, data=Hi)
WebAspect              : aspect after
```

可以看到，前 4 行是 before 方法中打印的日志内容。第 5 行是目标方法打印的内容（aspect controller）。接下来是 afterReturning 方法中打印的内容，可以看到目标方法的返回值也被打印出来了。最后一行是 after 方法中打印的日志内容。

afterReturning 方法是在目标方法执行完成并 return 之后才执行的（方法正常执行的前提下），而 after 方法是在目标方法执行完成后才执行的（不关心目标方法是否执行成功）。关于两者的区别，结合下面的例子来理解会更加清晰。

异常善后处理

接下来我们使用 afterThrowing 方法进行异常善后处理。这里的异常善后处理与我们之前说的全局异常处理不太一样，因为 afterThrowing 方法并不能捕获目标方法的异常，只是在目标方法抛出异常后，做一些后续处理，比如，记录日志、报警通知等。

首先在 AspectController 类中添加如下接口：

```
@GetMapping("/exception")
public Result exception() {
    throw new RuntimeException("runtime exception");
}
```

然后在 WebAspect 类中添加如下代码：

```
@AfterThrowing(value = "pointCut()", throwing = "e")
public void afterThrowing(JoinPoint joinPoint, Exception e) {
    log.info("{} after throwing, message: {}",
        joinPoint.getSignature().getName(), e.getMessage());
}
```

我们会看到如下日志：

```
WebAspect: before path: /aspect/exception
WebAspect: before class name: com.shuijing.boot.aop.AspectController
WebAspect: before method name: exception
```

```
WebAspect: before args: {}
WebAspect: exception after throwing, message: runtime exception
WebAspect: exception after
```

before 方法就不多说了，我们看到 after 方法被执行了，但是 afterReturning 方法没有被执行，取而代之的是 afterThrowing 方法。这进一步解释了 after 方法和 afterReturning 方法的区别，after 方法不关心方法是否成功，当方法执行完成后就会被执行。而 afterReturning 方法必须在目标方法成功 return 之后才会被执行，afterThrowing 方法则会在目标方法抛出异常后被执行。

> afterReturning 方法和 afterThrowing 方法像是方法执行的两个分支：方法执行成功则执行 afterReturning 方法，方法执行发生异常则执行 afterThrowing 方法。

性能统计

前面我们说过，Around 可以囊括以上所有能力，是 Advice（通知）中的"全能选手"。下面我们通过一个性能统计的例子来演示一下 around 方法的用法。

首先在 AspectController 类中添加如下接口：

```
@GetMapping("/sleep/{time}")
public Result sleep(@PathVariable("time") long time) {
    log.info("sleep");
    try {
        Thread.sleep(time);
    } catch (InterruptedException e) {
        log.error("error",e);
    }
    if (time == 1000) {
        throw new RuntimeException("runtime exception");
    }
    log.info("wake up");
    return Result.sucess("wake up");
}
```

然后在 WebAspect 类中添加一个方法，用来计算执行目标方法的时间：

```
@Around("pointCut()")
public Object around(ProceedingJoinPoint joinPoint) {
    long startTime = System.currentTimeMillis();
    Object result = null;
    try {
        result = joinPoint.proceed();
    } catch (Throwable e) {
        log.error("around error",e);
    }
```

```
        long endTime = System.currentTimeMillis();
        log.info("execute time: {} ms",endTime - startTime);
        return result;
}
```

上述代码很简单，用来记录开始时间和结束时间，最后输出执行目标方法的时间。joinPoint.proceed()是对目标方法的调用，效果如下：

```
WebAspect: around start AspectController  : sleep
WebAspect: execute time: 2004 ms
WebAspect: returnVal: Result(code=200, message=操作成功, data=wake up)
WebAspect: around end
```

通过输出日志，我们可以看到，在目标方法执行之前有 around start；执行之后有 execute time: 2004 ms；成功返回之后有 returnVal: Result(code=200, message=操作成功,data=wake up)和 around end。不过好像还差一个目标方法抛出异常的情况。sleep 方法中有一个判断分支，当 time 参数为 1000 时，则会抛出一个 RuntimeException。下面是用 1000 作为请求参数值的效果：

```
WebAspect               : around start
AspectController        : sleep
WebAspect               : around error
```

我们看到，在目标方法抛出异常后，就被 around 方法捕获，并且输出了一行日志 around error。然后我们再看接口返回值，就会发现接口返回值也对错误信息进行了统一包装，就像之前全局异常处理的效果一样：

```
{
    code: 500,
    message: "around error",
    data: null
}
```

我们将所有的 Advice（通知）类型都演示了一遍，也了解了各自的特点。需要注意的一点是，虽然 Around 可以涵盖所有功能，但是在实际应用的时候，还是需要根据自己的需求选择合适的类型。

8.2.5 执行顺序

了解完 AOP 的使用以后，我们来看看多个 AOP 操作的执行顺序。执行顺序可以细分为两种情况：
- 同一切面内的执行顺序
- 不同切面间的执行顺序

同一切面内的执行顺序

通过前面的实践结果，我们大致可以推断出方法的执行顺序：先执行 before 方法，再执行 afterReturning/afterThrowing 方法，最后执行 after 方法。要验证的关键点是 around 方法和它们之间的先后关系。创建一个切面类 AspectOne，代码如下：

```java
@Slf4j
@Aspect
@Component
public class AspectOne {

    @Pointcut("execution(public * com.shuijing.boot.aop.*.*(..))")
    public void pointCut() {
    }

    @Before(value = "pointCut()")
    public void before() {
        log.info("before one");
    }

    @After(value = "pointCut()")
    public void after() {
        log.info("after one");
    }

    @AfterReturning(value = "pointCut()")
    public void afterReturning() {
        log.info("afterReturning one");
    }

    @Around("pointCut()")
    public Object around(ProceedingJoinPoint joinPoint) {
        log.info("around one start");
        Object result = null;
        try {
            result = joinPoint.proceed();
        } catch (Throwable e) {
            log.error("around error",e);
        }
        log.info("around one end"); return result;
    }
}
```

执行效果如下：

```
AspectOne          : around one start
AspectOne          : before one
AspectController   : aspect controller
```

```
AspectOne              : afterReturning one
AspectOne              : after one
AspectOne              : around one end
```

我们可以看到，around 方法早于 before 方法开始执行，并且晚于 after 方法结束执行，刚好将其他通知完全包裹了起来。

> 在 Spring 的较低版本中，afterReturning/afterThrowing 方法和 after 方法的先后执行顺序不太一样。around 方法和其他通知的嵌套规则有所不同，这一点在使用时要注意，否则可能会引发一些奇怪的 Bug。

不同切面间的执行顺序

接下来我们看看不同切面间的执行顺序。先将 AspectOne 类复制两份并分别命名为 AspectTwo 和 AspectThree，然后修改一下对应的日志信息。

运行效果如下：

```
AspectOne              : before one
AspectThree            : before three
AspectTwo              : before two
AspectController       : aspect controller
AspectTwo              : after two
AspectThree            : after three
AspectOne              : after one
```

从上述代码可知，执行顺序为 AspectOne→AspectThree→AspectTwo，并没有按照 AspectOne→AspectTwo→AspectThree 的顺序执行。那么按照什么顺序执行是随机的吗？如果你多试几次，就会发现并不是随机的，执行顺序很稳定。Spring 中默认的执行顺序其实就是 Bean 初始化的顺序，在容器启动时可以看到如下日志：

```
DefaultListableBeanFactory : Creating shared instance of singleton bean
'aspectOne'
DefaultListableBeanFactory : Creating shared instance of singleton bean
'aspectThree'
DefaultListableBeanFactory : Creating shared instance of singleton bean
'aspectTwo'
```

这个顺序刚好是切面执行的顺序，而 Spring 中的加载顺序是根据类名升序排列的，很明显，Three 按字母排序会排在 Two 前面。那么我们想要指定执行顺序时应该怎么办呢？其实非常简单，只需要使用一个注解即可——@Order。

我们分别为 AspectOne、AspectTwo 和 AspectThree 加上 @Order(1)、@Order(2) 和 @Order(3)，然后执行一遍，效果如下：

```
AspectOne              : before one
AspectTwo              : before two
```

```
AspectThree         : before three
AspectController    : aspect controller
AspectThree         : after three
AspectTwo           : after two
AspectOne           : after one
```

这次如我们所愿，执行顺序变成了 AspectOne→AspectTwo→AspectThree。而且我们还发现多个切面的执行跟栈很像——先进后出。通过图 8-4，我们可以更加直观地感受一下多切面的执行顺序。

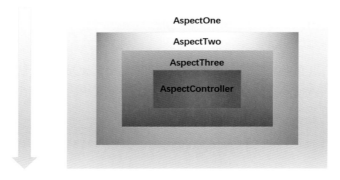

图 8-4 多切面的执行顺序

8.2.6 原理简析

Spring 的 AOP 是用代理的方式实现的。每个切面都是 Spring 容器中的一个 Bean，在目标方法被调用时，Spring 把切面应用到目标对象上，为目标对象动态创建代理，这个过程叫作 Weaving（织入）。切面会在指定（符合切点条件）的连接点织入目标对象中。

如图 8-5 所示，当调用者调用目标对象时，调用请求会被代理类拦截，而在目标对象真正被调用之前，会先织入切面逻辑。当应用需要目标对象时，Spring 才会创建代理对象，因为 Spring 采用的是运行期织入的实现方式。

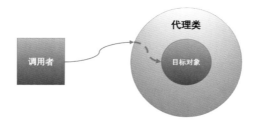

图 8-5 AOP 原理示意

> 除运行期织入以外，还有两种实现方式——编译器织入和类加载期织入，了解一下即可。

8.3 为什么一个 main 方法就能启动项目

在 Spring Boot 出现之前，我们要运行一个 Web 应用，首先需要有一个 Web 容器（如 Tomcat 或 Jetty），然后将 Web 应用打包后放到容器的相应目录下，最后启动容器。

在 IDE 中，需要对 Web 容器进行一些配置，才能够运行或者执行 Debug 操作。而使用 Spring Boot 时，我们只需要像运行普通 Java SE 程序一样，执行一下 main 方法就可以启动一个 Web 应用了。这是怎么做到的呢？下面我们来一探究竟，分析一下 Spring Boot 的启动流程。

8.3.1 概览

回看我们写的第一个 Spring Boot 示例，我们发现，只需要下面几行代码就可以运行一个 Web 服务：

```
@SpringBootApplication
public class HelloApplication {
    public static void main(String[] args) {
        SpringApplication.run(HelloApplication.class, args);
    }
}
```

去掉类的声明和方法定义这些样板代码后，核心代码就只有一个 @SpringBootApplication 注解和 SpringApplication.run(HelloApplication.class, args) 了。然而我们知道，注解相当于一种配置，那么这个 run 方法必然是 Spring Boot 的启动入口了。

接下来，我们沿着 run 方法来"顺藤摸瓜"，进入 SpringApplication 类，看看 run 方法的具体实现：

```
public class SpringApplication {
    ...
    public ConfigurableApplicationContext run(String... args) {
        // 1 应用启动计时开始
        StopWatch stopWatch = new StopWatch();
        stopWatch.start();
        // 2 声明上下文
        DefaultBootstrapContext bootstrapContext = createBootstrapContext();
```

```java
        ConfigurableApplicationContext context = null;
        // 3 设置 java.awt.headless 属性
        configureHeadlessProperty();
        // 4 启动监听器
        SpringApplicationRunListeners listeners = getRunListeners(args);
        listeners.starting(bootstrapContext, this.mainApplicationClass);
        try {
            // 5 初始化默认应用参数
            ApplicationArguments applicationArguments = new DefaultApplicationArguments(args);
            // 6 准备应用环境
            ConfigurableEnvironment environment = prepareEnvironment(listeners, bootstrapContext, applicationArguments);
            configureIgnoreBeanInfo(environment);
            // 7 打印 Banner (Spring Boot 的 Logo)
            Banner printedBanner = printBanner(environment);
            // 8 创建上下文实例
            context = createApplicationContext();
            context.setApplicationStartup(this.applicationStartup);
            // 9 构建上下文
            prepareContext(bootstrapContext, context, environment, listeners, applicationArguments, printedBanner);
            // 10 刷新上下文
            refreshContext(context);
            // 11 刷新上下文后处理
            afterRefresh(context, applicationArguments);
            // 12 应用启动计时结束
            stopWatch.stop();
            if (this.logStartupInfo) {
                // 13 打印启动时间日志
                new StartupInfoLogger(this.mainApplicationClass).logStarted(getApplicationLog(), stopWatch);
            }

            // 14 发布上下文启动完成事件
            listeners.started(context);
            // 15 调用 runners
            callRunners(context, applicationArguments);
        }
        catch (Throwable ex) {
            // 16 应用启动发生异常后的处理
            handleRunFailure(context, ex,
            listeners); throw new
            IllegalStateException(ex);
        }

        try {
            // 17 发布上下文就绪事件
```

```
            listeners.running(context);
        }
        catch (Throwable ex) {
            handleRunFailure(context, ex, null);
            throw new IllegalStateException(ex);
        }
        return context;
    }
    ...
}
```

Spring Boot 应用启动时做的所有操作都在这个方法里面。当然，在调用上面这个 run 方法之前，还创建了一个 SpringApplication 实例。因为上面这个 run 方法并不是一个静态方法，所以需要一个对象实例才能被调用。

可以看到，方法的返回值类型为 ConfigurableApplicationContext，这是一个接口，我们真正得到的是 AnnotationConfigServletWebServerApplicationContext 实例。通过类名可知，这是一个基于注解的 Servlet Web 应用上下文。

上面对于 run 方法中的每一个步骤都做了简单的注释，接下来我们选择几个比较有代表性的来详细分析。

8.3.2 应用启动计时

在 Spring Boot 应用启动完成的时候，我们经常会看到类似下面内容的一条日志：

```
Started AopApplication in 2.732 seconds (JVM running for 3.734)
```

Spring Boot 应用在启动后，会将本次启动所花费的时间打印出来，让我们对启动的速度有一个大致的了解，也方便我们对其进行优化。记录启动时间的工作是 run 方法做的第一件事，是在注释编号为 1 的位置由 stopWatch.start 方法开启时间统计的，具体代码如下：

```
public void start(String taskName) throws IllegalStateException {
    if (this.currentTaskName != null) {
        throw new IllegalStateException("Can't start StopWatch: it's already running");
    }
    // 记录启动时间
    this.currentTaskName = taskName;
    this.startTimeNanos = System.nanoTime();
}
```

然后，在 run 方法的基本任务完成的时候，由 stopWatch.stop 方法（注释编号为 12 的位置）对启动时间进行一个计算，源码也很简单：

```java
public void stop() throws IllegalStateException {
    if (this.currentTaskName == null) {
        throw new IllegalStateException("Can't stop StopWatch: it's not running");
    }
    // 计算启动时间
    long lastTime = System.nanoTime() - this.startTimeNanos;
    this.totalTimeNanos += lastTime;
    ...
}
```

最后，在 run 方法中注释编号为 13 的位置将启动时间打印出来：

```java
if (this.logStartupInfo) {
    // 打印启动时间
    new StartupInfoLogger(this.mainApplicationClass).logStarted(
        getApplicationLog(), stopWatch);
}
```

8.3.3 打印 Banner

Spring Boot 应用在每次启动时还会打印一个自己的 Logo，如图 8-6 所示。

图 8-6　Spring Boot Logo

这种做法很常见，像 Redis、Docker 等都会在启动的时候将自己的 Logo 打印出来。Spring Boot 在默认情况下会打印那个标志性的"树叶"和"Spring"的字样，并且下面带有当前的版本号。

在 run 方法中注释编号为 7 的位置调用打印 Banner 的逻辑，最终由 SpringBootBanner 类的 printBanner 方法完成。这个图案定义在一个常量数组中，代码如下：

```java
class SpringBootBanner implements Banner {
    private static final String[] BANNER = { "",
        "  .   ____          _            __ _ _",
        " /\\\\ / ___'_ __ _ _(_)_ __  __ _ \\ \\ \\ \\",
        "( ( )\\___ | '_ | '_| | '_ \\/ _` | \\ \\ \\ \\",
        " \\\\/  ___)| |_)| | | | | || (_| |  ) ) ) )",
        "  '  |____| .__|_| |_|_| |_\\__, | / / / /",
        " =========|_|==============|___/=/_/_/_/"
```

```
    };
    ...

    public void printBanner(Environment environment, Class<?> 
sourceClass, PrintStream printStream) {
        for (String line : BANNER) {
            printStream.println(line);
        }
        ...
    }
}
```

在手动格式化 BANNER 的字符串后，轮廓已经清晰可见了。真正的打印逻辑就是 printBanner 方法中的 for 循环。

记录启动时间和打印 Banner 的代码都非常简单，而且都有很明显的视觉反馈，可以清晰地展示结果。配合断点执行 Debug 操作会有更加直观的感受，尤其是打印 Banner 的时候，可以看到整个内容被一行一行地打印出来。这让我想起了早些年使用那些配置较低的电脑（还是 CRT 显示器）运行 Windows 98 时，经常会看到屏幕内容被一行一行地加载、显示。

8.3.4　创建上下文实例

下面我们来到 run 方法中注释编号为 8 的位置，这里调用了一个 createApplicationContext 方法，该方法最终会调用 ApplicationContextFactory 接口的代码：

```
ApplicationContextFactory DEFAULT = (webApplicationType) -> {
    try {
        switch (webApplicationType) {
            case SERVLET:
                return new 
AnnotationConfigServletWebServerApplicationContext();
            case REACTIVE:
                return new 
AnnotationConfigReactiveWebServerApplicationContext();
            default:
                return new AnnotationConfigApplicationContext();
        }
    }
    catch (Exception ex) {
        throw new IllegalStateException("Unable create a default 
    ApplicationContext instance, " + "you may need a custom 
ApplicationContextFactory", ex);
    }
};
```

这个方法就是根据 SpringBootApplication 的 webApplicationType 属性的值，利用反射来创建不同类型的应用上下文(context)。而 webApplicationType 属性的值是在前面执行构造方法的时候由 WebApplicationType.deduceFromClasspath 方法获得的。通过这个方法名，我们很容易地看出，可以根据 classpath 中的类来推断当前的应用类型。

这里是一个普通的 Web 应用，所以最终返回的类型为 SERVLET，会返回一个 AnnotationConfigServletWebServerApplicationContext 实例。

8.3.5 构建容器上下文

下面我们来到 run 方法中注释编号为 9 的 prepareContext 方法中。通过方法名，我们可以猜到它是为 context 做上台前的准备工作的。

```
private void prepareContext(DefaultBootstrapContext bootstrapContext,
ConfigurableApplicationContext context, ConfigurableEnvironment environment,
SpringApplicationRunListeners listeners, ApplicationArguments
applicationArguments, Banner printedBanner) {
    ...
    // 加载资源
    load(context, sources.toArray(new Object[0]));
    listeners.contextLoaded(context);
}
```

这个方法会做一些准备工作，包括初始化容器上下文、设置环境、加载资源等。

加载资源

上面的代码调用了一个很关键的方法——load。这个 load 方法真正的作用是调用 BeanDefinitionLoader 类的 load 方法。源码如下：

```
class BeanDefinitionLoader {
    ...
    void load() {
        for (Object source : this.sources) {
            load(source);
        }
    }

    private void load(Object source) {
        Assert.notNull(source, "Source must not be null");
        if (source instanceof Class<?>) {
            load((Class<?>) source);
            return;
        }
        if (source instanceof Resource) {
            load((Resource) source);
```

```
            return;
        }
        if (source instanceof Package) {
            load((Package) source);
            return;
        }
        if (source instanceof CharSequence) {
            load((CharSequence) source);
            return;
        }
        throw new IllegalArgumentException("Invalid source type " + source.getClass());
    }
    ...
}
```

可以看到，load 方法加载了 Spring 中的各种资源。其中，我们最熟悉的就是 load((Class<?>) source)和 load((Package) source)了。前者用来加载类，后者用来加载扫描的包。

load((Class<?>) source)会通过调用 isComponent 方法来判断资源是否为 Spring 容器管理的组件。isComponent 方法通过资源是否包含@Component 注解（@Controller、@Service、@Repository 等都包含在内）来区分资源是否为 Spring 容器管理的组件。

而 load((Package) source)则用来加载@ComponentScan 注解定义的包路径。

8.3.6 刷新上下文

run 方法中注释编号为 10 的 refreshContext 方法是整个启动过程中比较核心的地方。我们熟悉的 BeanFactory 就是在这个阶段构建的，且所有非懒加载的 Spring Bean（@Controller、@Service 等）都是在这个阶段被创建的，还有 Spring Boot 内嵌的 Web 容器也是在这个时候启动的。

跟踪源码，你会发现内部调用的是 ConfigurableApplicationContext.refresh 方法，ConfigurableApplicationContext 是一个接口，真正实现这个方法的类有 3 个：AbstractApplicationContext、ReactiveWebServerApplicationContext 和 ServletWebServerApplicationContext。

AbstractApplicationContext 类为后面两个类的父类。两个子类的实现比较简单，主要调用父类实现，比如，ServletWebServerApplicationContext 类的实现是这样的：

```
public final void refresh() throws BeansException, IllegalStateException {
    try {
        super.refresh();
    }
```

```
        catch (RuntimeException ex) {
            WebServer webServer = this.webServer;
            if (webServer != null) {
                webServer.stop();
            }
            throw ex;
        }
    }
```

主要的逻辑都在 AbstractApplicationContext 类中：

```
@Override
public void refresh() throws BeansException, IllegalStateException {
    synchronized (this.startupShutdownMonitor) {
        StartupStep contextRefresh = this.applicationStartup.start("spring.context.refresh");
        // 1 准备将要刷新的上下文
        prepareRefresh();
        // 2（告诉子类，如：ServletWebServerApplicationContext）刷新内部 Bean 工厂
        ConfigurableListableBeanFactory beanFactory = obtainFreshBeanFactory();
        // 3 为上下文准备 Bean 工厂
        prepareBeanFactory(beanFactory);
        try {
            // 4 允许在子类中对 Bean 工厂进行后处理
            postProcessBeanFactory(beanFactory);
            StartupStep beanPostProcess = this.applicationStartup.start("spring.context.beans.post-process");
            // 5 调用注册为 Bean 的工厂处理器
            invokeBeanFactoryPostProcessors(beanFactory);
            // 6 注册拦截器创建的 Bean 处理器
            registerBeanPostProcessors(beanFactory);
            beanPostProcess.end();
            // 7 初始化国际化相关资源
            initMessageSource();
            // 8 初始化事件广播器
            initApplicationEventMulticaster();
            // 9 为具体的上下文子类初始化特定的 Bean
            onRefresh();
            // 10 注册监听器
            registerListeners();
            // 11 实例化所有非懒加载的单例 Bean
            finishBeanFactoryInitialization(beanFactory);
            // 12 完成刷新，发布相应的事件（Tomcat 就是在这里启动的）
            finishRefresh();
        }
        catch (BeansException ex) {
```

```
            if (logger.isWarnEnabled()) {
                logger.warn("Exception encountered during context
initialization - cancelling refresh attempt: " + ex);
            }

            // 遇到异常就销毁已经创建的单例 Bean
            destroyBeans();
            // 重置 active 标识
            cancelRefresh(ex);
            // 将异常向上抛出
            throw ex;
        } finally {
            // 重置公共缓存，结束刷新
            resetCommonCaches();
            contextRefresh.end();
        }
    }
}
```

下面简单介绍一下 refresh 方法中注释编号为 9 处的 onRefresh 方法。该方法的父类未给出具体实现，需要子类自己实现，ServletWebServerApplicationContext 类中的实现如下：

```
protected void onRefresh() {
    super.onRefresh();
    try {
        createWebServer();
    }
    catch (Throwable ex) {
        throw new ApplicationContextException("Unable to start web
server", ex);
    }
}

private void createWebServer() {
    ...
    if (webServer == null && servletContext == null) {
        ...
        // 根据配置获取一个 Web Server 实例（Tomcat、Jetty 或 Undertow）
        ServletWebServerFactory factory = getWebServerFactory();
        this.webServer = factory.getWebServer(getSelfInitializer());
        ...
    }
    ...
}
```

factory.getWebServer(getSelfInitializer())会根据项目配置得到一个 Web Server 实例，这里跟后面将要谈到的自动配置有点关系。

8.4 比你更懂你的自动配置

前面从 run 方法切入，分析了 Spring 容器的启动流程。接下来以@SpringBootApplication 注解为例，看看这个注解为我们做了什么。它的源码如下：

```
@Target(ElementType.TYPE)
@Retention(RetentionPolicy.RUNTIME)
@Documented
@Inherited
@SpringBootConfiguration
@EnableAutoConfiguration
@ComponentScan(excludeFilters = { @Filter(type = FilterType.CUSTOM,
classes = TypeExcludeFilter.class),
        @Filter(type = FilterType.CUSTOM, classes =
AutoConfigurationExcludeFilter.class) })
public @interface SpringBootApplication {
    ...
}
```

可以看到，@SpringBootApplication 是一个组合注解。除了最上面的几个元注解，还有 3 个 Spring 的注解：

- @SpringBootConfiguration 表示被注解的元素为一个 Spring Boot 配置类
- @EnableAutoConfiguration 负责开启自动配置的注解
- @ComponentScan 用于配置扫描的包路径

8.4.1 自动配置原理

关键点

我们重点关注@EnableAutoConfiguration，继续深入源码：

```
@Target(ElementType.TYPE)
@Retention(RetentionPolicy.RUNTIME)
@Documented
@Inherited @AutoConfigurationPackage
@Import(AutoConfigurationImportSelector.class)
public @interface EnableAutoConfiguration{
    ...
}
```

@Import 注解和 AutoConfigurationImportSelector 类是需要我们特别关注的。先"剧透"一下结论：自动配置的工作是在 AutoConfigurationImportSelector 类中完成的。我们通过 getAutoConfigurationEntry 方法得到一个需要自动配置的列表：

```
protected AutoConfigurationEntry getAutoConfigurationEntry
(AnnotationMetadata annotationMetadata) {
    if (!isEnabled(annotationMetadata)) {
        return EMPTY_ENTRY;
    }
    AnnotationAttributes attributes = getAttributes (annotationMetadata);
    // 得到一个包含100多个元素的列表
    List<String> configurations = getCandidateConfigurations
(annotationMetadata, attributes);
    configurations = removeDuplicates(configurations);
    Set<String> exclusions = getExclusions(annotationMetadata, attributes);
    checkExcludedClasses(configurations, exclusions);
    // 这里会删除我们手动关闭的自动配置项
    configurations.removeAll(exclusions);
    // 过滤掉不需要自动配置的项
    configurations = getConfigurationClassFilter().filter(configurations);
    fireAutoConfigurationImportEvents(configurations, exclusions);
    return new AutoConfigurationEntry(configurations, exclusions);
}

protected List<String> getCandidateConfigurations
(AnnotationMetadata metadata, AnnotationAttributes attributes) {
    List<String> configurations = SpringFactoriesLoader.loadFactoryNames
(getSpringFactoriesLoaderFactoryClass(), getBeanClassLoader());
    Assert.notEmpty(configurations, "No auto configuration classes
found in META-INF/spring.factories. If you are using a custom packaging,
make sure that file is correct.");
    return configurations;
}

protected Class<?> getSpringFactoriesLoaderFactoryClass() {
    return EnableAutoConfiguration.class;
}
```

getCandidateConfigurations 方法会获取 Spring 预设的自动配置列表，共有 100 多项（对于具体的数量来说，不同的版本可能会有差别）。这个列表的名单被放在 spring-boot-autoconfigure-x.x.x.jar 包中的 /META-INF/spring.factories 文件中。如果我们指定了需要关闭的自动配置项，就会通过 configurations.removeAll(exclusions) 将其从列表中移除。然后通过 filter 方法过滤掉不需要自动配置的项目，最终会得到一个包含所有需要自动配置的配置项列表。

层层深入

获取预设自动配置列表

AutoConfigurationImportSelector 类（在 getCandidateConfigurations 方法中）通过调用 SpringFactoriesLoader 类的 loadFactoryNames 方法读取 spring.factories 文件中的 key（org.springframework.boot.autoconfigure.EnableAutoConfiguration）来加载 Spring 预设的自动配置列表。

读取 spring.factories 文件的源码示例：

```
public final class SpringFactoriesLoader {
    // spring.factories 文件路径
    public static final String FACTORIES_RESOURCE_LOCATION =
"META-INF/spring.factories";
    ...


    public static List<String> loadFactoryNames(Class<?> factoryType,
@Nullable ClassLoader classLoader) {
        ClassLoader classLoaderToUse = classLoader;
        if (classLoaderToUse == null) {
            classLoaderToUse = SpringFactoriesLoader.class.getClassLoader();
        }
        String factoryTypeName = factoryType.getName();
        // 调用真正读取 spring.factories 文件的方法
        return loadSpringFactories(classLoaderToUse)
            .getOrDefault(factoryTypeName, Collections.emptyList());
    }

    private static Map<String, List<String>> loadSpringFactories
(@Nullable ClassLoader classLoader) {
        ...

        try {
            // 读取 spring.factories 文件
            Enumeration<URL> urls = classLoader.getResources
(FACTORIES_RESOURCE_LOCATION);
            ...
        }
        ...
    }
    ...
}
```

处理@Import

分析完 AutoConfigurationImportSelector 类，下面来分析@Import 注解。正是因为

这个注解，ImportSelector 类才能处理自动配置的逻辑。@Import 注解的处理逻辑是由 ConfigurationClassParser 类完成的，入口是 doProcessConfigurationClass 方法：

```
class ConfigurationClassParser {
    ...
        protected final SourceClass doProcessConfigurationClass
(ConfigurationClass configClass, SourceClass sourceClass)
            throws IOException {

        ...

        // 处理 @PropertySource 注解
        for (AnnotationAttributes propertySource :
AnnotationConfigUtils.attributesForRepeatable(
                sourceClass.getMetadata(), PropertySources.class,
                org.springframework.context.annotation.
PropertySource.class)) {
            ...
        }

        // 处理 @ComponentScan 注解
        Set<AnnotationAttributes> componentScans = AnnotationConfigUtils.
attributesForRepeatable(sourceClass.getMetadata(), ComponentScans.class,
ComponentScan.class);
        if (!componentScans.isEmpty() &&
                !this.conditionEvaluator.shouldSkip(sourceClass.get
Metadata(), ConfigurationPhase.REGISTER_BEAN)) {
            for (AnnotationAttributes componentScan : componentScans) {
                Set<BeanDefinitionHolder> scannedBeanDefinitions =
                    this.componentScanParser.parse(componentScan,
sourceClass.getMetadata().getClassName());
                ...
            }
        }

        // 处理 @Import 注解
        processImports(configClass, sourceClass, getImports(sourceClass),
filter, true);
        // 处理 @ImportResource 注解
        AnnotationAttributes importResource =
                AnnotationConfigUtils.attributesFor(sourceClass.
getMetadata(), ImportResource.class);
        if (importResource != null) {
            String[] resources = importResource.getStringArray
("locations");
            Class<? extends BeanDefinitionReader> readerClass =
importResource.getClass("reader");
            for (String resource : resources) {
```

```java
                String resolvedResource = this.environment.
resolveRequiredPlaceholders(resource);
                configClass.addImportedResource(resolvedResource,
readerClass);
            }
        }
        ...
    }

    ...

    private void processImports(ConfigurationClass configClass,
SourceClass currentSourceClass, Collection<SourceClass> importCandidates,
Predicate <String>exclusionFilter, boolean checkForCircularImports) {
        ...

        if (checkForCircularImports && isChainedImportOnStack
(configClass)) {
            ...
        }
        else {
            this.importStack.push(configClass);
            try {
                for (SourceClass candidate : importCandidates) {
                    // 处理 ImportSelector
                    if (candidate.isAssignable(ImportSelector.class)) {
                        Class<?> candidateClass = candidate.loadClass();
                        ImportSelector selector = ParserStrategyUtils.
instantiateClass(candidateClass, ImportSelector.class, this.environment,
this.resourceLoader, this.registry);
                        Predicate<String> selectorFilter = selector.
getExclusionFilter();
                        if (selectorFilter != null) {
                            exclusionFilter = exclusionFilter.or
(selectorFilter);
                        }
                        if (selector instanceof DeferredImportSelector) {
this.deferredImportSelectorHandler.handle(configClass,
(DeferredImportSelector)selector);
                        }
                        else {
                            String[] importClassNames = selector.
selectImports(currentSourceClass.getMetadata());
```

```
                            Collection<SourceClass> importSourceClasses = 
asSourceClasses(importClassNames, exclusionFilter);
                            // 递归调用
                            processImports(configClass, currentSourceClass, 
importSourceClasses, exclusionFilter, false);
                        }
                    }
                    else if(candidate.isAssignable
(ImportBeanDefinitionRegistrar.class)) {
                        ...
                    }
                    else {
                        this.importStack.registerImport
( currentSourceClass. getMetadata(), candidate.getMetadata().getClassName());
   processConfigurationClass(candidate.asConfigClass(configClass), 
exclusionFilter);
                    }
                }
            }
            ...
        }
    }
}
```

doProcessConfigurationClass 方法调用 processImports 方法来处理@Import 注解。processImports 方法又分情况对@Import 注解中的值执行了不同的处理逻辑，当@Import 注解中的值为 ImportSelector.class 及其子接口/实现类（AutoConfigurationImportSelector 是 ImportSelector 的实现类）时，还会通过递归再次调用自己。

这段代码的逻辑相对比较复杂，不仅有自我递归，还有多个方法间的"串联递归"。在上述代码中，进入最后一个 else 下面的 processConfigurationClass 方法，你会看到其中还有对 doProcessConfigurationClass 方法的调用，这样就形成了一个调用环：doProcessConfigurationClass 方法→processImports 方法→processConfigurationClass 方法→doProcessConfigurationClass 方法。

调用链

整理一份从 Spring 容器启动一直到自动配置功能完成的方法调用链，可以在分析源码或者执行 Debug 操作的时候将其作为参考：

```
1.SpringApplication
   1.run()
   2.refreshContext()
   3.refresh()
2.AbstractApplicationContext
   1.refresh()
   2.invokeBeanFactoryPostProcessors()
```

```
3.PostProcessorRegistrationDelegate
   1.invokeBeanFactoryPostProcessors()
4.ConfigurationClassPostProcessor
   1.postProcessBeanDefinitionRegistry()
   2.processConfigBeanDefinitions()
5.ConfigurationClassParser
   1.parse()
6.ConfigurationClassParser.DeferredImportSelectorHandler
   1.process()
7.ConfigurationClassParser.DeferredImportSelectorGroupingHandler
   1.processGroupImports()
8.ConfigurationClassParser.DeferredImportSelectorGrouping
   1.getImports()
9.AutoConfigurationImportSelector.AutoConfigurationGroup
   1.process()
10.AutoConfigurationImportSelector
   1.getAutoConfigurationEntry()
```

> 第一层级为类，其中有几个是内部类，用"."和主类隔开了；第二层级为该类下的方法，从上到下按顺序依次调用。

大致的调用关系就是这样的，可以当作一个参考，需要注意不同版本可能有些许不同。

注意

如果你在网上搜索 Spring Boot 自动配置，就会发现很多文章的入手点是 AutoConfigurationImportSelector.selectImports 方法。那么，这篇文章就是基于 Spring Boot 2.1.0 之前的版本的。

在 Spring Boot 2.1.0 之后的版本中，ConfigurationClassParser.processImports 方法的代码如下：

```
if (selector instanceof DeferredImportSelector) {
   this.deferredImportSelectorHandler.handle(configClass,
   (DeferredImportSelector) selector);
}
else {
   String[] importClassNames =
selector.selectImports(currentSourceClass.getMetadata());
   ...
}
```

而 AutoConfigurationImportSelector 是 DeferredImportSelector 的实现类，所以根本不会采用 else 中的逻辑。

8.4.2 按需配置

Spring Boot 的自动配置再一次践行了"约定优于配置"的原则。它的自动配置并不会将所有预设列表加载进来,而是采用非常智能的"按需配置"。能做到这一点需要归功于 @Conditional 注解和 Condition 接口。它们使得各种配置只有在符合一定的条件时才会被加载。

> 在介绍自动配置原理时,我们了解到 AutoConfigurationImportSelector.getAutoConfigurationEntry 方法中的 configurations = getConfigurationClassFilter().filter(configurations)就是用来过滤那些不符合条件的配置的。

下面以 DataSourceAutoConfiguration 类为例来具体分析一下,源码如下:

```
@Configuration(proxyBeanMethods = false)
@ConditionalOnClass({ DataSource.class, EmbeddedDatabaseType.class })
@ConditionalOnMissingBean(type = "io.r2dbc.spi.ConnectionFactory")
@EnableConfigurationProperties(DataSourceProperties.class)
@Import({ DataSourcePoolMetadataProvidersConfiguration.class,

DataSourceInitializationConfiguration.InitializationSpecificCredentialsDataSource InitializationConfiguration.class,

DataSourceInitializationConfiguration.SharedCredentialsDataSource InitializationConfiguration.class })
public class DataSourceAutoConfiguration {
    ...
}
```

DataSourceAutoConfiguration 类通过 @ConditionalOnClass({ DataSource.class, EmbeddedDatabaseType.class })告诉 Spring,只有当 classpath 下存在 DataSource.class 或 EmbeddedDatabaseType.class 时,DataSourceAutoConfiguration 类才会被加载。

@ConditionalOnClass 是 @Conditional 的衍生注解,由 @Conditional 和 OnClassCondition 类组成,源码如下:

```
@Target({ ElementType.TYPE, ElementType.METHOD })
@Retention(RetentionPolicy.RUNTIME)
@Documented
@Conditional(OnClassCondition.class)
public @interface ConditionalOnClass {
    ...
}
```

内置条件注解

OnClassCondition 是一个实现了 Condition 接口的类。@ConditionalOnClass 表示 classpath 里有指定的类时加载配置，是@Conditional 众多衍生注解中的一个。Spring Boot 提供了一些基于@Conditional 的衍生注解，即内置条件注解，如表 8-1 所示。

表 8-1　内置条件注解

注　解	说　明
@ConditionalOnBean	当容器里有指定Bean时
@ConditionalOnMissingBean	当容器里没有指定Bean时
@ConditionalOnClass	当classpath里有指定的类时
@ConditionalOnMissingClass	当classpath里没有指定的类时
@ConditionalOnExpression	当给定的Spring Expression Language（SpEL）表达式计算结果为true时
@ConditionalOnJava	当JVM的版本匹配特定值或者一个范围时
@ConditionalOnJndi	当参数中给定的JNDI位置至少存在一个时（如果没有给定参数，则要有JNDI InitialContext）
@ConditionalOnProperty	当指定的属性为指定的值时
@ConditionalOnResource	当classpath里有指定的资源时
@ConditionalOnWebApplication	当前应用是Web应用时
@ConditionalOnNotWebApplication	当前应用不是Web应用时

这些注解都是基于@Conditional 的，可以适用于大多数的使用场景。如果以上情况不能满足你的需求，还可以通过自行实现 Condition 接口来完成自定义的需求。

8.5　要点回顾

- IOC 主要有两种实现：依赖查找和依赖注入
- IOC 的意义在于屏蔽具体的实现，降低代码的耦合度
- AOP 主要是为了处理横向的公共业务
- Spring Boot 启动过程的核心在于 refreshContext 方法
- @EnableAutoConfiguration 是自动配置的关键
- 按需配置依赖于众多的内置条件注解

第 9 章

互联网应用性能瓶颈的"万金油"——Redis

9.1 初识 Redis

Redis（Remote Dictionary Server，远程字典服务）是一个开源的、使用 ANSI C 语言编写、支持网络、基于内存且可持久化的 key-value 数据库，提供多种语言的 API 及丰富的数据结构。其常用的 5 种数据结构为字符串、哈希、列表、集合、有序集合，同时在字符串的基础之上演变出了位图（Bitmap）和 HyperLogLog 两种神奇的"数据结构"，并且随着 LBS（Location Based Service，基于位置服务）的不断发展，Redis 3.2 中加入了有关 GEO（地理信息定位）的功能。

9.1.1 Redis 特性

Redis 之所以集万千宠爱于一身，必然有一定的原因。Redis 身上具有很多特性，而这些特性恰好可以解决互联网应用中的一些非常棘手的难题。这些特性使它脱颖而出，成了互联网应用离不开的技术。那么，Redis 究竟有什么特性呢？

丰富的数据结构

- String
- Hash
- List

- Set
- Sorted Set
- Bitmap
- HyperLogLog
- ……

强大的功能

- 为键设置过期时间，缓存的基础之一
- 发布-订阅，可以用来实现消息系统
- 支持 Lua 脚本，可以扩展 Redis 功能
- 简单的事务功能，可以在一定程度上保证事务特性
- 流水线（Pipeline），可以批量提交，减少网络开销
- 持久化，保证数据安全不丢失，提高容灾能力
- 主从复制，为分布式高可用打下基础
- 分布式，使 Redis 高可用、易扩展

简单可靠

Redis 的代码很少，其早期版本只有两万行代码左右，即使添加了集群特性以后，代码也不过 5 万行左右。作为一个 NoSQL 数据库，Redis 的代码已经相当少了。这使得非专攻 Redis 的技术人员也可以将 Redis 研究透彻。再加上其作者的编码风格极其优雅，所以我们通过研究 Redis 的源码可以很好地提高自己的编码水平。另外，基于单线程的实现方式，也使得客户端开发变得简单。

支持多种语言

使用简单的 TCP 协议就可以与 Redis 进行通信。众多编程语言都可以轻松地接入 Redis。由于 Redis 具有以上的众多优点，因此它颇受开源社区及公司认可，使得支持 Redis 的语言也越来越多，几乎涵盖了所有主流编程语言。图 9-1 展示了来自 Redis 官网的编程语言支持列表。

ActionScript	ActiveX/COM+	Bash	Boomi	C	C#
C++	Clojure	Common Lisp	Crystal	D	Dart
Delphi	Elixir	emacs lisp	Erlang	Fancy	gawk
GNU Prolog	Go	Haskell	Haxe	Io	Java
Julia	Lasso	Lua	MATLAB	mruby	Nim
Node.js	Objective-C	OCaml	Pascal	Perl	PHP
PL/SQL	Prolog	Pure Data	Python	R	Racket
Rebol	Ruby	Rust	Scala	Scheme	Smalltalk
Swift	Tcl	VB	VCL	Xojo	Zig

图 9-1　编程语言支持列表

9.1.2 Redis 的"看家本领"——快

提到 Redis，我们的第一反应就是——它很快！那么，它到底有多快呢？对此，官方专门写了一篇文章 *How fast is Redis？*，该文从各个角度详细阐述了 Redis 有多快，其中有一张图片（见图 9-2）传播最为广泛。

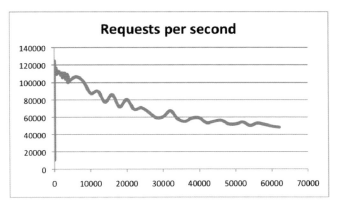

图 9-2　Redis 性能

图 9-2 描述了 QPS（Queries per second）和连接数之间的关系。我们可以看到，单个 Redis 实例在 6 万多个连接存在的情况下，依然可以做到每秒处理 5 万次左右的请求。而根据以往的经验（Redis 以外的技术），当连接数达到 3 万个时，吞吐量只能达到 100 个连接的 1/2。

那么，Redis 为什么有这么高的性能呢？是因为它是使用 C 语言实现的，还是因为其良好的设计？原因有很多，但最根本的原因是它是基于内存的。

Peter Norvig 曾经在他的一篇文章（*Teach Yourself Programming in Ten Years*）中给出过一组计算机中各种操作的执行所需时间（见表 9-1）。后来，伯克利（Berkeley）大学有人做了一个动态网页，在上面可以看到，随着技术的进步，一些操作的执行时间也在缩短。表 9-1 是从该网页中获取的最新（2020 年）数据。

表 9-1　计算机操作与执行所需时间

硬件及操作	执行所需时间/纳秒
一级缓存引用	1
二级缓存引用	4
互斥锁定/解锁	17
用1Gbps带宽网络发送2KB数据	44
主存引用	100

续表

硬件及操作	执行所需时间/纳秒
从内存中顺序读取1MB数据	3,000
随机读取SSD	16,000
从SSD中顺序读取1MB数据	49,000
同一数据中心往返一次，ping一下	500,000
从磁盘中顺序读取1MB数据	825,000
磁盘寻道	2,000,000
数据包往返加州与荷兰	150,000,000

> 时间单位换算：1 秒 = 103 毫秒 = 106 微秒 = 109 纳秒。
> 搜索 Numbers Every Programmer Should Know By Year，可以找到该网页。

上面的单位都是纳秒，而人类对纳秒基本上没有什么概念。那么我们稍微调整一下，将一级缓存引用的时间等价为 1 秒，并以此为基准，将它们全部转换成我们熟知的时间单位，得到表 9-2。

表 9-2　计算机操作与执行所需时间

硬件及操作	执行所需时间
一级缓存引用	1秒
二级缓存引用	4秒
互斥锁定/解锁	17秒
用1Gbps带宽网络发送2KB数据	44秒
主存引用	≈1.7分钟
从内存中顺序读取1MB数据	50分钟
随机读取SSD	≈4.4小时
从SSD中顺序读取1MB数据	≈13.6小时
同一数据中心往返一次，ping一下	≈5.8天
从磁盘中顺序读取1MB数据	≈9.5天
磁盘寻道	≈3.3周
数据包往返加州与荷兰	≈4.8年

这样一来，不同操作之间的差距是不是更加清晰明了呢？我们看到从内存中顺序读取 1MB 数据需要 50 分钟，而从磁盘中顺序读取 1MB 数据则大约需要 9.5 天。就像我们平时点个外卖，等 50 分钟没什么问题，但是如果要等 9.5 天（别说外卖了，就是快递 9.5 天才能到，估计我们也等得不耐烦了）就过分了。

9.2 Redis 可以做什么

就像电影《蜘蛛侠》中的那句经典台词：能力越大，责任越大。Redis 拥有很多优点与强大的功能，那么它一定能承担起很多责任。下面来看看 Redis 都能做些什么吧。

缓存

缓存是 Redis 的本职工作，是 Redis 最广泛的用途。Redis 强大的性能加上优秀的缓存设计不但可以提升系统的访问速度，还能大大缓解数据库的压力。对于一些查询频率很高但修改很少的数据来说，使用 Redis 进行缓存再合适不过了。Redis 提供了键值过期的时间设置，并且提供了灵活控制最大内存和内存溢出后的淘汰策略。一个合理的缓存设计能够为一个网站的稳定保驾护航。

排行榜

很多网站都有排行榜应用，比如，很多人每天都会关注的微博热搜榜，很多程序员关注的 GitHub 热度排行榜等。Redis 提供的有序集合（zset）能实现各种复杂的排行榜应用。

计数器

计数器在日常生活中很常见，比如，微博的点赞数、转发量，微信文章的阅读量、在看人数，视频网站的播放量等。使用 Redis 的 incr 命令来实现这种累加功能非常合适，不但性能好，而且能从容应对高并发的请求。

社交关系

传统关系型数据库不擅长处理社交关系数据，而 Redis 可以很好地实现且有非常好的性能。例如，对于点赞列表、收藏列表、关注列表、粉丝列表等，使用 Hash 类型数据结构是一个不错的选择。

消息队列

消息队列是大型网站必用的中间件，如 ActiveMQ、RabbitMQ、Kafka 等流行的消息队列中间件，主要用于业务解耦、流量削峰及异步处理实时性低的业务。Redis 虽然和专业的消息队列相比还不够强大，但是基本可以满足一般的消息队列功能。

分布式锁

目前，几乎所有的互联网公司都用到了分布式技术，使得我们在享受新技术的同时会面对一些新的问题。分布式系统在应对同一资源并发修改的时候，不管是

synchronized 还是 ReentrantLock 都束手无策。而且直接利用数据库的锁在高并发环境下容易将数据库服务器拖垮。这时候 Redis 又一次"站"了出来，利用其性能优势、具有原子性的命令 SETNX，或者借助 Lua 脚本可以实现分布式锁的功能。

9.3 使用 Redis

在对 Redis 有了初步的了解以后，接下来我们动手实践一下。在动手实践之前，需要先安装一下 Redis。

9.3.1 安装 Redis

Redis 的安装非常简单，只需要一条命令即可：

```
# macOS
brew install redis

# Ubuntu
apt-get install redis

# RedHat（CentOS）
yum install redis
```

如果你用的是 Windows，则可以去微软的 GitHub 上下载 Windows 版本的 Redis 来安装（非官方版本）。最新版的 Windows 10 中集成了一个 Linux 子系统，可以在里面安装 Redis。

> 附录中提供了 Docker 安装 Redis 的方法，因此也可以使用 Docker 的方式。

使用以下命令启动并登录 Redis：

```
# 启动
redis-server

# 后台启动
redis-server --daemonize yes

# 登录
redis-cli
```

然后，使用 ping 命令来测试一下：

```
127.0.0.1:6379> ping
```

```
PONG
127.0.0.1:6379>
```

若返回 PONG，则说明 Redis 一切正常，可以使用了。

9.3.2 默认端口来历

Redis 的默认端口是 6379。很多人对这个端口的来历都很好奇，作者在 *Redis as an LRU cache* 一文中给出了解释，选择 6379 作为 Redis 的默认端口号，是因为 MERZ（至于为什么是 MERZ？你去看看作者这篇文章就知道了）这 4 个字母在九宫格键盘中对应的数字正好是 6379。

也许这时候有人会跳出来质疑——意大利人怎么会用九宫格键盘呢？他们不管是输入意大利语还是英语都应该是全键盘才对！有这样的疑问很正常，可能你只记得图 9-3 所示的九宫格键盘，而忘记了手机最开始都是这样的九宫格键盘，如图 9-4 所示。

图 9-3　智能机九宫格键盘

图 9-4　功能机九宫格键盘

9.3.3 集成

按照 Spring Boot 一贯的风格，在添加一个新功能的时候，我们首先要做的就是引入对应的 Starter 依赖。

添加依赖

在 pom.xml 文件中添加如下依赖：

```xml
<dependency>
  <groupId>org.springframework.boot</groupId>
  <artifactId>spring-boot-starter-data-redis</artifactId>
  <exclusions>
    <exclusion>
      <groupId>io.lettuce</groupId>
      <artifactId>lettuce-core</artifactId>
    </exclusion>
  </exclusions>
</dependency>
<dependency>
  <groupId>redis.clients</groupId>
  <artifactId>jedis</artifactId>
</dependency>
```

> lettuce 是 Spring Boot 默认的 Redis 客户端。我们将它的依赖移除，换成我们最常用的 Jedis 依赖。

添加配置

添加完依赖以后，我们还需要添加一些 Redis 的相关配置，以便我们的工程找到刚刚安装的 Redis。具体配置如下：

```
spring:
  ...
  redis:
    host: localhost port: 6379
    timeout: 1000
    jedis:
      pool:
        min-idle: 5
        max-active: 10
        max-idle: 10
        max-wait: 2000
```

9.3.4 Hello Redis

经过上面的配置，Redis 已经准备就绪，只差代码了。下面我们就写一个 Redis 的 Hello World 程序来看看效果：

```
// 配置 StringRedisTemplate
@Bean
public StringRedisTemplate stringRedisTemplate(RedisConnectionFactory redisConnectionFactory) {
    StringRedisTemplate stringRedisTemplate = new 
    StringRedisTemplate(redisConnectionFactory);
    return stringRedisTemplate;
}

@Autowired
private StringRedisTemplate stringRedisTemplate;
@GetMapping("/hello")
public String hello() {
    // 向 Redis 中添加一个 key 为 hello, value 为 world 的记录
    stringRedisTemplate.opsForValue().set("hello","world");
    // 获取 Redis 中 key 为 hello 的值
    return stringRedisTemplate.opsForValue().get("hello");
}
```

启动工程，访问 RedisController 中的 hello 接口，可以看到接口返回了字符串 world。然后我们去 Redis 中验证一下，在命令行中使用 get 命令来看一看 key 为 hello 的值：

```
127.0.0.1:6379> get hello
"world"
127.0.0.1:6379>
```

验证成功。

9.4 更多用法

在上面的例子中，我们需要了解一下 StringRedisTemplate 和 ValueOperations（opsForValue 方法返回的对象类型）。

9.4.1 Template

Spring 将操作 Redis 的 API 封装成了 Template。其中，使用最多的就是上面例子中的那个 StringRedisTemplate，还有一个是 RedisTemplate。StringRedisTemplate 用于

key 和 value 都是字符串的情况，这也是我们平时使用最多的场景。字符串的好处在于简单且对人类比较友好（不需要任何转换就能看懂，不像二进制的数据那样，这一点在排查问题的时候尤为突出），而 RedisTemplate 则是一个相对通用的 API，不仅可以处理字符串，还可以处理自定义对象等复杂类型。RedisTemplate 默认采用 JDK 的序列化方式来转换对象，当然，我们还可以根据需要自定义序列化的方式。

> Redis 允许 key 和 value 为任意二进制形式，但最好还是使用字符串作为 key-value 的形式，因为这样容易让用户通过 Redis 客户端查看和管理（便于排查问题）。JSON 方式也是一种不错的方式，可以将 value 序列化成 JSON 字符串。

```
public class StringRedisTemplate extends RedisTemplate<String, String> {

    public StringRedisTemplate() {
        setKeySerializer(RedisSerializer.string());
        setValueSerializer(RedisSerializer.string());
        setHashKeySerializer(RedisSerializer.string());
        setHashValueSerializer(RedisSerializer.string());
    }
    ...
}
```

查看 StringRedisTemplate 的源码可知，它继承了 RedisTemplate，然后在构造方法中将序列化策略全部设置成了字符串类型。

9.4.2 opsFor

在上面的例子中，除了 StringRedisTemplate，还有一个 opsForValue 方法。该方法返回了一个 ValueOperations 对象。除了 opsForValue 方法，还有另外 5 个方法，即 opsForHash、opsForList、opsForSet、opsForZSet、opsForGeo，分别返回以下对象：ValueOperations、HashOperations、ListOperations、SetOperations、ZsetOperations、GeoOperations。

从名称就可以看出这些对象分别对应了 Redis 的几种数据结构，并且它们的功能就是对这些不同的数据结构进行各种操作。

例如，上面例子中的：

```
stringRedisTemplate.opsForValue().set("hello","world");
return stringRedisTemplate.opsForValue().get("hello");
```

其实相当于在 Redis 中进行如下操作：

```
127.0.0.1:6379> set hello world
127.0.0.1:6379> get hello
```

9.4.3 绑定 key 操作

在上面的例子中,每进行一次操作,就需要传一次 key。在对同一个 key 进行较少操作的情况下,这样做没什么。但是如果需要对同一个 key 进行多次操作,这样做就显得麻烦了。为了解决这个问题,Spring 提供了 boundxxxOps 方法,并且返回 BoundxxxOperations 类型的对象。

我们基于上面的例子使用 bound 的方式改进一下,看看效果:

```
BoundValueOperations<String, String> boundValueOps =
    stringRedisTemplate.boundValueOps("hello");
boundValueOps.set("world");
boundValueOps.get();
```

很简单,其实就是对同一个 key 进行多次操作的一种优化,让代码写起来更加简洁。跟 opsForxxx 方法(xxxOperations 对象)一样,boundxxxOps 方法(BoundxxxOperations 对象)也提供了对应 Redis 各种数据结构的方法(对象),具体如表 9-3 所示。

表 9-3 方法与对象介绍

方法	对象	描述
boundValueOps	BoundValueOperations	Value 相关操作,如 set、get、append、incr 等
boundHashOps	BoundHashOperations	Hash 相关操作,如 hset、hget、hkeys 等
boundListOps	BoundListOperations	List 相关操作,如 lpush、rpush、lpop、rpop 等
boundSetOps	BoundSetOperations	Set 相关操作,如 sadd、spop 等
boundZSetOps	BoundZSetOperations	Sorted Set 相关操作,如 zadd、zcount 等
boundGeoOps	BoundGeoOperations	Geo,地理信息相关操作,如 geoadd、geopos 等

9.4.4 序列化策略

在介绍 Template 的时候,我们提到了序列化策略,并且了解了 RedisTemplate 默认使用的 JDK 的序列化方式。下面我们来看一下 RedisTemplate 的源码:

```
public class RedisTemplate<K, V> extends RedisAccessor implements
RedisOperations<K, V>, BeanClassLoaderAware {
    ...

    @Override
    public void afterPropertiesSet() {
```

```
        super.afterPropertiesSet();
        boolean defaultUsed = false;
        if (defaultSerializer == null) {

            defaultSerializer = new
                JdkSerializationRedisSerializer( classLoader !=
                null ? classLoader :
this.getClass().getClassLoader());
        }

        if (enableDefaultSerializer) {

            if (keySerializer == null) {
                keySerializer =defaultSerializer;
                defaultUsed = true;
            }
            if (valueSerializer == null) {
                valueSerializer = defaultSerializer;
                defaultUsed = true;
            }
            if (hashKeySerializer == null) {
                hashKeySerializer = defaultSerializer;
                defaultUsed = true;
            }
            if (hashValueSerializer == null) {
                hashValueSerializer = defaultSerializer;
                defaultUsed = true;
            }
        }
    ...

}
```

可以看到，在 afterPropertiesSet 方法中，如果没有指定序列化策略，则默认会把所有 key 和 value 的序列化策略设置成 JDK 的方式。该方法会在容器启动时（Spring Boot 执行自动配置时）被调用。

所有的序列化策略都实现了 RedisSerializer 接口。我们再来看一下这个接口的源码：

```
public interface RedisSerializer<T> {

    // 序列化
    @Nullable
    byte[] serialize(@Nullable T t) throws SerializationException;
    // 反序列化
    @Nullable
```

```
    T deserialize(@Nullable byte[] bytes) throws SerializationException;
    ...
}
```

这个接口定义了两个核心方法:一个是 serialize,用来将对象转换成字节数组(也就是序列化的过程);另一个是 deserialize,用来将字节数组转换成对象(也就是反序列化的过程)。

接下来我们看一下使用 JDK 的序列化策略以后,key 和 value 在 Redis 中是什么样的。首先使用 redisTemplate 方法向 Redis 中添加一个记录:

```
redisTemplate.opsForValue().set("key","value");
```

> 注意,这里用的是 redisTemplate,而不是 stringRedisTemplate。

然后在命令行执行 get key 命令:

```
127.0.0.1:6379> get key
(nil)
```

结果发现,并没有"key"这个键,那么执行一下 keys 命令,查看一下 Redis 中有哪些 key:

```
127.0.0.1:6379> keys *
1) "\xac\xed\x00\x05t\x00\x03key"
```

我们看到了一串类似于"乱码"的内容,之后获取一下这个"乱码"key 的 value,看看会出现什么:

```
127.0.0.1:6379> get "\xac\xed\x00\x05t\x00\x03key"
"\xac\xed\x00\x05t\x00\x05value"
```

结果发现,获取的 value 跟 key 差不多,这个"乱码"就是 JDK 序列化后的结果,内容包含两部分:

- 前面的"乱码"是对象的描述信息
- 后面的可以看懂的内容是对象的实际内容

> 我们可以通过自定义序列化规则,让 key 和 value 不再有乱码,见随书源码。

9.5 Redis 实现分布式锁

前面学习了 Spring Boot 与 Redis 的整合,以及简单的应用。接下来将通过一个 Redis 在实际应用中的案例来深入学习。这个案例介绍了在互联网业务场景中经常会用到的一个组件——分布式锁。

9.5.1 锁的自我修养

一个演员要有演员的自我修养，同样地，一把锁也要有锁的自我修养。下面我们来看一下，一把合格的锁应该具备哪些性质。

- 互斥：锁具有独占性，一把锁在同一时刻最多只能有一个持有者
- 安全：安全指的是解锁时的安全性，即只能解锁自己持有的锁
- 不死锁：不能因为意外的发生，导致锁不能被正常释放

9.5.2 实现分布式锁的方式

我们都知道，Java 提供了锁相关的 API（如 synchronized、ReentrantLock 等）。这些锁存在一定的局限性，在多线程（同一个 JVM）的情况下可以从容应对，但是在多进程（不同 JVM）的情况下，就有些无能为力了。

现在的业务场景早已不是一个单体应用就能满足的时候了，随随便便就需要一个集群加上分布式，再复杂一点的还需要异构平台的交互。既然传统的锁不能满足分布式应用的场景，聪明的程序员们就研究出了一个新锁——分布式锁。

目前，市面上对于分布式锁的实现方式主要有以下 3 种：

- 数据库（这种方式很少用了）
- Redis
- ZooKeeper（Chubby，来自谷歌）

> Chubby 是由谷歌出品，专门用来做分布式锁的，其原理跟 ZooKeeper 有些类似，目前国内使用得比较少。

在以上 3 种方案中，基于数据库的实现方案已经很少被应用在实际项目中了。原因很简单，性能是它最大的障碍。Redis 和 ZooKeeper 这两种方案目前应用得比较广泛。

实现原理

不管哪种实现方案，其原理都差不多，只是所依赖的具体技术不同而已。3 种方案都是基于对应技术的两个特性实现的分布式锁：一是操作的原子性；二是资源的唯一性。

数据库方式：乐观锁/悲观锁+唯一约束。

Redis 方式：SETNX。

ZooKeeper 方式：临时顺序节点。

9.5.3 实现分布式锁

Redis 实现分布式锁,主要用到了它的一个命令——SETNX。SETNX 是 SET if Not eXists 的缩写,即在指定的 key 不存在时,为 key 设置指定的值。当设置成功时返回 1;当设置失败时返回 0。因此,我们可以根据返回值来判断加锁是否成功。

初始版本

根据上述 Redis 实现分布式锁的原理,我们先写出一个初始版本的 RedisLock:

```
@Component
public class RedisLock {

    @Autowired
    private StringRedisTemplate redisTemplate;
    public boolean lock(String key, String value) {
        return redisTemplate.opsForValue().setIfAbsent(key, value);
    }

    public void unLock(String key) {
        redisTemplate.delete(key);
    }
}
```

> RedisTemplate 将 Redis 的 SETNX 命令封装成了 setIfAbsent 方法,并将其返回值也封装成了 boolean 类型。

下面在业务代码中使用一下刚刚完成的 RedisLock:

```
@RestController
@RequestMapping("/redislock")
public class RedisLockController {

    private final long TIME_OUT = 50 * 1000;
    private final String REDIS_LOCK = "REDIS_LOCK";
    @Autowired
    private RedisLock redisLock;
    @GetMapping("/lock")
    public void lock() {

        // 加锁
        long currentTime = System.currentTimeMillis();
        boolean isLock = redisLock.lock(REDIS_LOCK, String.valueOf(currentTime + TIME_OUT));
        if (!isLock) {
            throw new RuntimeException("资源已被抢占,换个方式再试试吧!");
```

```
        }
        // do something

        // 解锁
        redisLock.unLock(REDIS_LOCK);
    }
}
```

这看起来还不错。但仔细想想这样写会不会有什么问题？

我相信聪明的你已经发现了问题所在，当 lock 方法成功以后，在做某些操作的过程中出现意外导致后面的 unLock 方法没有被执行，就会导致其他请求无法再获得锁，从而造成死锁。所以，它不是一把好锁。

进化版本

我们想一下，如何解决上面死锁的问题？

上面代码导致死锁的原因是，一旦程序执行出现意外，就无法删除对应的 key，这就会导致 key 一直存在，最终的结果就是其他线程再也无法获得锁。要解决这个问题，就需要在不删除 key 的情况下，让这个 key 消失。于是，我们想到了给 key 加上过期时间：

```
@Component
public class RedisLock {

    @Autowired
    private StringRediasTemplate redisTemplate;
    public boolean lockV2(String key, String value,Long timeOut) {
            return redisTemplate.opsForValue().setIfAbsent(key, value, timeOut, TimeUnit.MILLISECONDS);
    }
}
```

> SETNX 和 EXPIRE 本来是两条命令，不是一个原子操作，会有一条命令执行成功而另一条命令执行失败的风险。不过好在从 Redis 2.6.12 以后，作者为 SETNX 命令添加了扩展参数，使得 SETNX 和 EXPIRE 变成了一个原子操作。

现在这个方案完美了吗？显然还没有。假如有两个线程 A 和 B，在 A 执行完某些操作之后，恰好 key 到了过期时间，而这时 B 获得了锁，那么接下来会发生什么呢？A 会执行 unLock 方法将 B 获得的锁删掉！

再改进版本

上面我们遇到了一个问题，一个线程删除了不属于它的锁。要解决这个问题，就需要在删除锁之前判断一下，当前的锁是不是被自己持有的，如果是，则删除；如果不是，说明锁已经过期了（此时可能有别的线程持有了锁，也可能没有任何线程持有锁），则不需要再删除了。示例代码如下：

```java
@Component
public class RedisLock {

    @Autowired
    private StringRedisTemplate redisTemplate;
    public void unLockV2(String key, String value) {
        String oldValue = redisTemplate.opsForValue().get(key);
        if (Objects.nonNull(oldValue) && oldValue.equals(value)) {
            redisTemplate.delete(key);
        }
    }
}
```

这次我们在删除锁之前对其持有者进行了判断，只有确定自己是锁的持有者才会删除锁。这次看起来没什么问题了，但是很遗憾，判断锁的持有者的逻辑和删除 key 的逻辑仍然不是一个原子操作。虽然这两个操作之间的间隔非常短，但是仍然可能会在这两个操作之间被其他线程干扰。

虽然这个版本仍然不完美，但是相对于上面执行完业务代码后直接删除 key 的方式来说，其可靠性已经提升了 N 个数量级了。因为一般的业务逻辑执行耗时都在几百毫秒左右，而判断锁的持有者的逻辑与删除 key 的逻辑间隔为微秒级别，时间越短，出错的概率就会越低。

9.5.4 其他实现方案

Lua 脚本

Redis 通过调用 Lua 脚本，可以实现更加强大与复杂的功能。而且在执行 Lua 脚本时，该操作具有原子性。这恰好可以用来实现分布式锁。将多个操作封装到一个 Lua 脚本中，可以变相地让多个操作具备原子性。上面例子中解锁时的逻辑漏洞可以通过调用 Lua 脚本来解决。

我们可以通过 RedisTemplate 的 execute 方法调用 Lua 脚本。

Redission

Redission 是一个基于 Redis 的第三方组件，提供了很多强大的功能，也是 Redis 官方推荐的分布式锁解决方案。与我们自己实现分布式锁相比，显然 Redission 更加安全、可靠，所以在生产环境中更加推荐使用 Redission 作为分布式锁的解决方案。

9.6 要点回顾

- Redis 之所以快，根本原因是基于内存
- Redis 除了做缓存，还可以做排行榜、社交关系、队列等
- Spring Boot 通过 RedisTemplate 来访问 Redis
- Spring Boot 通过 RedisTemplate 的 opsFor 方法来操作 Redis 的各种数据类型
- 对于一把锁，最重要的是互斥、安全及不死锁
- Redis 分布式锁的难点在于只释放自己的锁，以及防止过期后其他人获得自己正在使用的锁

第 10 章

安全领域的"扛把子"——Spring Security

身份认证与权限控制是一个企业级应用业务的"基石"。通常越复杂的系统对认证和授权的要求越高。

10.1 认证和授权

认证（Authentication）和授权（Authorization）这两个概念的英文单词长得很像，两者有着密切的关系。

10.1.1 认证

认证，简单来讲就是验证身份，证明你是谁。比如，对方说"天王盖地虎"，你回答"宝塔镇河妖"。如果你通过了身份认证，就能够被信任。

同样地，在一个系统中，如果你符合了该系统设置的一系列认证规则，你就是该系统的合法用户。

认证通过只能说明你是合法用户，并不代表你可以"为所欲为"。你进入系统之后能做什么，是由另一个动作决定的，那就是授权。

10.1.2 授权

授权，简单来讲就是你可以做什么。比如，当你手握兵符时，就可以号令三军；当你手持尚方宝剑时，就可以先斩后奏，惩奸除恶了。

虽然认证和授权是两个动作，但是在通常情况下，它们都是成对出现的。因为只认证不授权没有什么意义，而授权之前必须通过认证，否则你授权给谁呢？

基于此，一个安全框架最核心的工作也就明了了，那就是——认证和授权。

10.2 Spring Security 简介

我们先通过官方对 Spring Security 的介绍来初步认识一下这个安全框架：

> Spring Security is a powerful and highly customizable authentication and access-control framework. It is the de-facto standard for securing Spring-based applications.
>
> Spring Security is a framework that focuses on providing both authentication and authorization to Java applications. Like all Spring projects, the real power of Spring Security is found in how easily it can be extended to meet custom requirements.

简单翻译一下：

> Spring Security 是一个标准的基于 Spring 的安全应用，具有安全认证和访问控制能力，其功能强大且支持高度定制化的框架。Spring Security 专注为 Java 应用提供认证和授权。跟所有 Spring 项目一样，它真正的强大之处在于可以非常容易地扩展以满足各种定制化需求。

10.3 功能一览

Spring Security 真的像官方所说的这么强大吗？会不会是"王婆卖瓜"呢？下面我们就来一探究竟。

10.3.1 多种认证方式

- HTTP Basic

- HTTP Form
- HTTP Digest
- LDAP
- OpenID
- CAS
- ACL
- OAuth 2
- SAML
- JAAS
- ……

从最基本的 HTTP Basic 到常用的 HTTP Form，再到 LDAP、OpenID 及 OAuth 等，可以说 Spring Security 几乎支持市面上所有主要的认证方式。

如果你对 Spring Security 内置的这些认证方式都不满意，那么也没有关系，Spring Security 还支持自定义认证，最大化地满足你的个性化需求。

10.3.2 多种加密方式

密码安全是系统安全的重中之重。互联网发展至今，密码泄露的事件屡见不鲜。2011 年国内的一个知名 IT 网站就发生了一起数据泄露事件，更可怕的是，用户密码都是采用明文存储的，导致数百万用户无异于在网上"裸奔"，再加上很多人为了便于记忆，会把各种账号的密码都设置为一样的，造成"一号泄露，众号沦陷"的局面。

作为个人用户，我们应该为不同的账号设置不同的密码。作为开发者，我们应该采用更加安全的加密措施，尽可能地提高安全性。

Spring Security 提供了很多加密算法：

- BcryptPasswordEncoder
- LdapShaPasswordEncoder
- Md4PasswordEncoder
- MessageDigestPasswordEncoder（MD5、SHA-1、SHA-256）
- Pbkdf2PasswordEncoder
- ScryptPasswordEncoder
- StandardPasswordEncoder
- Argon2PasswordEncoder
- NoOpPasswordEncoder

同样地，如果以上算法不能满足我们的需要，那么我们可以自定义加密策略。

> Spring 官方推荐使用 BcryptPasswordEncoder 来进行密码加密，后面会进一步介绍。

10.3.3 多种授权方式

多种认证方式加上丰富的加密策略，让 Spring Security 有了强大的认证功能及密码安全性。同时，Spring Security 还提供了非常丰富的授权方式：
- 通过配置方式，按角色或权限资源进行访问控制
- 通过注解方式，按角色、权限资源或方法进行访问控制
- Spring EL 表达式配置权限
- RBAC 动态权限控制
- 指定 IP 进行访问控制

上述授权方式的用法很简单，基本上通过简单的配置（见表 10-1）或者注解（见表 10-2）就可以完成。

表 10-1 实现授权的配置

方法	作用
hasRole(String role)	指定的角色可以访问
hasAnyRole(String… roles)	拥有其中任何一个角色的用户可以访问
hasAuthority(String authority)	拥有对应权限的用户可以访问
hasAnyAuthority(String… authorities)	拥有其中任何一个权限的用户可以访问
access(String attribute)	SpringEL 表达式为 true 时可以访问
hasIpAddress(String ipaddressExpression)	指定 IP 地址可以访问

> 使用 HttpSecurity 进行配置。

表 10-2 实现授权的注解

注解	作用
@Secured	拥有特定角色的用户可以访问
@PreAuthorize	拥有特定角色或权限的用户可以访问
@PostAuthorize	拥有特定角色或权限的用户可以收到返回值（执行完成后再判断权限）

> 需要配合 @EnableGlobalMethodSecurity 一起使用。

通过以上内容，我们发现，Spring Security 的功能确实很强大。

10.4 动手实践

我们已经知道，Spring Security 拥有很强大的功能。接下来我们通过实践来看看它是否简单易用。

10.4.1 集成

集成 Spring Security 仍然保持着 Spring Boot 的简单快捷，只需要引入依赖即可，甚至连版本号都可以省略：

```xml
<dependency>
    <groupId>org.springframework.boot</groupId>
    <artifactId>spring-boot-starter-security</artifactId>
</dependency>
```

因为有自动配置功能，在引入依赖后，Spring Security 就已经生效了。启动工程，访问之前的接口，如 http://localhost:8080/springboot/redis/hello，就会跳转到如图 10-1 所示的默认登录界面。

图 10-1 默认登录界面

因为我们没有进行任何配置，所以 Spring Security 会创建一个默认值，用户名为 user，密码为一串随机字符串，并且会在项目的启动日志中打印出来：

```
Using generated security password: 3ef52fa7-5ab3-45cc-8327- 7e8d2c808ac8
```

> 密码是随机的，每次都不相同。

10.4.2 自定义用户

使用随机密码时，操作还是比较麻烦的，每次都需要去控制台复制一下。因此，我们可以设置一个用户。

继承 **WebSecurityConfigurerAdapter** 类，实现安全配置：

```
@EnableWebSecurity
public class SecurityConfig extends WebSecurityConfigurerAdapter {

    @Override
    protected void configure(AuthenticationManagerBuilder auth)
    throws Exception {
        auth.inMemoryAuthentication().withUser("shuijing").roles("admin")
                .password(new BCryptPasswordEncoder().encode("123456"));
    }
}
```

> 在内存中定义一个用户（用户名为 shuijing，密码为 123456），使用 BcryptPasswordEncoder 对其进行加密。

123456 经过 BcryptPasswordEncoder 加密后为：

$2a$10$udLPopPMEJ9Xlnum0ZkrV.3lz4NtHBtfIN7Ma2Qw.1d48CaB777xy

> 其中，$是分割符；2a 是 Bcrypt 加密版本号；10 是成本参数，表示需要迭代 2^{10} 次才能得到最终的密文；$2a$10$之后的 22 位是 Salt（即随机盐）；而盐后面的字符是密码加密后的密文。

　　Bcrypt 的优势在哪里呢？关键就在于上面提到的成本参数。除成本参数以外，Bcrypt 和其他哈希算法没有什么区别。虽然 MD5 可以被反查表和彩虹表破解，但是 MD5 也可以通过加盐来避免。而 MD5 对穷举法这种暴力破解束手无策，Bcrypt 却可以通过成本参数来控制加密的速度，从而让暴力破解的时间成本高到令人无法接受。

> 你可能会有疑问，Bcrypt 这么慢，会不会对系统性能有影响呢？实际上，这种慢是相对而言的，它只是比 MD5 这种常规的哈希算法慢。Bcrypt 在普通 PC 上运行一次大约需要几百毫秒，而这点时间对于一次用户认证来说微乎其微。但是对于需要上亿次甚至更多次的暴力破解来说就变得令人无法接受了。

10.4.3　从数据库中获取用户信息

　　上面的例子虽然不再需要每次都去控制台复制密码，但用户信息是被固定地写在代码里的。这显然不能满足我们的需求，通常情况下，我们需要将这些数据放到数据库里，实现持久化。

创建系统用户表

　　下面我们来看看如何从数据库中获取用户信息。首先，我们创建一张系统用户表，并插入几条数据：

```sql
CREATE TABLE `sys_user`
(
    `id` int NOT NULL AUTO_INCREMENT COMMENT '主键 id',
    `username` varchar(20) NOT NULL COMMENT '用户名',
    `password` varchar(100) DEFAULT NULL COMMENT '密码',
    `role`    varchar(20) DEFAULT NULL COMMENT '角色',
    PRIMARY KEY (`id`),
    UNIQUE KEY `uk_username` (`username`)
) ENGINE = InnoDB
    DEFAULT CHARSET = utf8mb4 COMMENT '系统用户表';
INSERT INTO `sys_user`
VALUES (1, 'xiaoliu', '$2a$10$udLPopPMEJ9Xlnum0ZkrV.3lz4NtHBtfIN7Ma2Qw.1d48CaB777xy','admin'),
       (2, 'xiaoshui', '$2a$10$ln/M9mMLqf/1UEEx02982h./20mii7/8BjRlMQICGNXdcTSAR5aaTS','config'),
       (3, 'xiaojing', '$2a$10$2W/buzJ3JzhVdQfKCwso2ebItwAoi90fnKTh.EHekxjHQe9cBrgse','ROLE_Secured'),
       (4, 'liushuijing', '$2a$10$TfYge769OZ/z2s3Y/T5x3elExyJAMp3jxSWH.EvLjblisgO8/LSwW','PreAuthorize');
```

实现 UserDetailsService 接口

UserDetailsService 接口只有一个 loadUserByUsername(String username)方法。顾名思义，该方法是用来通过用户名加载用户信息的。其代码如下：

```java
public interface UserDetailsService {

    UserDetails loadUserByUsername(String username) throws UsernameNotFoundException;
}
```

UserDetailsService 接口只是给出了一个定义，我们需要自己实现从数据库中获取用户信息的具体逻辑：

```java
@Component
public class UserDetailsServiceImpl implements UserDetailsService {

    @Autowired
    private SysUserService sysUserService;
    @Override
    public UserDetails loadUserByUsername(String username) throws UsernameNotFoundException {
        SysUser sysUser = sysUserService.getOne(Wrappers.<SysUser>lambdaQuery().eq(SysUser::getUsername, username));
        return User.builder().username(sysUser.getUsername())
                .password(sysUser.getPassword()).authorities(AuthorityUtils
```

```
                .commaSeparatedStringToAuthorityList(sysUser.getRole())).
build();
    }
}
```

修改配置

然后，我们需要将自定义的逻辑进行简单的配置：

```
@EnableWebSecurity
public class SecurityConfig extends WebSecurityConfigurerAdapter {

    @Autowired
    private UserDetailsService userDetailsService;
    @Override
    protected void configure(HttpSecurity http) throws Exception {
        http.authorizeRequests().anyRequest().authenticated()
            .and().userDetailsService(userDetailsService)
            .csrf().disable();
    }
}
```

在完成以上工作后，我们就可以用刚刚插入的几条用户数据来登录了。

10.4.4 登录成功与失败处理

登录操作会有两种结果：一是登录成功；二是登录失败。因此，我们需要对这两种情况做一些处理，以便满足我们的需要。

登录成功

登录成功后，有两种情况：如果是 AJAX 请求，我们就需要给前端返回一个成功的信息，然后由前端根据情况进行后面的处理；如果是传统的表单请求，我们就需要重定向到登录前访问的地址。

继承 SavedRequestAwareAuthenticationSuccessHandler 类，并实现自定义逻辑：

```
@Component
public class CustomerAuthenticationSuccessHandler extends
SavedRequestAwareAuthenticationSuccessHandler {

    @Override
    public void onAuthenticationSuccess(HttpServletRequest request,
HttpServletResponse response, Authentication authentication)
throws IOException, ServletException {
```

```java
            response.setCharacterEncoding(StandardCharsets.UTF_8.
toString());
        if (isAjaxRequest(request)) {
            response.setContentType(MediaType.APPLICATION_JSON_VALUE);
            response.getWriter().write(new
                    ObjectMapper().writeValueAsString(Result.success()));
        } else {
            response.setContentType(MediaType.TEXT_HTML_VALUE);
            super.onAuthenticationSuccess(request, response, authentication);
        }
    }

    public static boolean isAjaxRequest(HttpServletRequest request) {
        String requestType = request.getHeader("X-Requested-With");
        return "XMLHttpRequest".equals(requestType);
    }
}
```

登录失败

登录失败后，也可以像上面那样分两种情况来处理。但是一般登录失败（用户不存在或者密码错误）后会在页面上直接给出提示，不太需要重定向，所以这里可以只做 AJAX 方式的处理。

继承 **SimpleUrlAuthenticationFailureHandler** 类，并实现自定义逻辑：

```java
@Component
public class CustomerAuthenticationFailureHandler extends
SimpleUrlAuthenticationFailureHandler {

    @Override
    public void onAuthenticationFailure(HttpServletRequest request,
HttpServletResponse response, AuthenticationException e) throws IOException {
        response.setCharacterEncoding(StandardCharsets.UTF_8.
toString());
        response.setContentType(MediaType.APPLICATION_JSON_VALUE);
        Result<Object> result = Result.error();
        if (e instanceof UsernameNotFoundException) {
            result = Result.error("用户不存在！");
        } else if (e instanceof BadCredentialsException) {
            result = Result.error("密码错误！");
        }
        response.getWriter().write(new ObjectMapper().writeValueAsString(result));
    }
}
```

接下来，我们通过配置，让自定义操作生效：

```
@EnableWebSecurity
public class SecurityConfig extends WebSecurityConfigurerAdapter {

    @Autowired
    private CustomerAuthenticationSuccessHandler authenticationSuccessHandler;
    @Autowired
    private CustomerAuthenticationFailureHandler authenticationFailureHandler;
    @Bean
    PasswordEncoder passwordEncoder() {
        return new BCryptPasswordEncoder();
    }

    @Override
    protected void configure(HttpSecurity http) throws Exception {
        http.authorizeRequests().anyRequest().authenticated()
            .and().formLogin()
            .successHandler(authenticationSuccessHandler)
            .failureHandler(authenticationFailureHandler)
            .and().csrf().disable();
    }
}
```

最后，我们可以通过浏览器来测试表单登录，使用 PostMan 来测试 AJAX 登录。

10.4.5 权限控制

认证完成后，我们就需要给认证用户分配权限了。首先，使用 HttpSecurity 配置方式设置几个资源的权限：

```
@EnableWebSecurity
@EnableGlobalMethodSecurity(prePostEnabled = true,securedEnabled = true)
public class SecurityConfig extends WebSecurityConfigurerAdapter {

    ...

    @Override
    protected void configure(HttpSecurity http) throws Exception {
        http.authorizeRequests().antMatchers("/security/config").hasAnyAuthority("config ").antMatchers("/security/anonymous"). anonymous()
            .antMatchers("/security/permitall").permitAll();
        ...
```

        }
}
```

具有 config 权限的用户可以访问/security/config；匿名用户可以访问/security/anonymous（登录用户不可以）；所有人都能访问/security/permitall。

然后，添加相应的接口（资源）：

```
@RestController
@RequestMapping("/security")
@Api(value = "权限控制",tags = "权限控制")
public class SecurityController {

    // 任何人都可以访问
    @ApiOperation(value = "permitAll 权限")
    @GetMapping(value = "/permitall")
    public Result<String> permitAll() {
        return Result.success("permitAll");
    }

    // 未登录时可以访问
    @ApiOperation(value = "anonymous 权限")
    @GetMapping(value = "/anonymous")
    public Result<String> anonymous() {
        return Result.success("anonymous");
    }

    // xiaoshui 可以访问
    @ApiOperation(value = "config 权限")
    @GetMapping(value = "/config")
    public Result<String> config() {
        return Result.success("config");
    }
}
```

再增加两个基于注解的权限控制：

```
@RestController
@RequestMapping("/security")
@Api(value = "权限控制",tags = "权限控制")
public class SecurityController {

    ...

    // xiaojing 可以访问
    @ApiOperation(value = "Secured 权限")
    @GetMapping(value = "/secured")
    @Secured({"ROLE_Secured"})
    public Result<String> Secured() {
```
```

```
        return Result.success("Secured");
    }

    // liushuijing 可以访问
    @ApiOperation(value = "PreAuthorize 权限")
    @GetMapping(value = "/preAuthorize")
    @PreAuthorize("hasAnyAuthority('PreAuthorize')")
    public Result<String> PreAuthorize() {
        return Result.success("PreAuthorize");
    }
}
```

接下来我们可以使用之前插入的几个用户进行测试，他们对应的用户权限关系如表 10-3 所示。

表 10-3 用户权限关系

用 户	角色/权限
xiaoshui	config
xiaojing	ROLE_Secured
liushuijing	PreAuthorize

10.4.6 异常处理

权限的控制分配完成后，我们就需要对鉴权失败的情况进行自定义处理了（鉴权成功就放行，不需要额外处理）。

实现 AccessDeniedHandler 接口，对鉴权失败的情况进行处理：

```
@Component
public class CustomerAccessDeniedHandler implements AccessDeniedHandler {
    @Override
    public void handle(HttpServletRequest request, HttpServletResponse response, AccessDeniedException accessDeniedException) throws IOException {
        response.setCharacterEncoding(StandardCharsets.UTF_8.toString());
        if (isAjaxRequest(request)) {
            response.setContentType(MediaType.APPLICATION_JSON_VALUE);
            response.getWriter().write(new ObjectMapper().writeValueAsString(Result.error("没有权限！")));
        } else {
            response.setContentType(MediaType.TEXT_HTML_VALUE);
            response.sendRedirect(request.getContextPath() + "/nopermission.html");
```

```
            }
        }

        public static boolean isAjaxRequest(HttpServletRequest request) {
            String requestType = request.getHeader("X-Requested-With");
            return "XMLHttpRequest".equals(requestType);
        }
    }
```

实现 AuthenticationEntryPoint 接口,对鉴权失败的情况进行处理:

```
@Component
public class CustomerAuthenticationEntryPoint implements AuthenticationEntryPoint {

    @Override
    public void commence(HttpServletRequest request, HttpServletResponse response, AuthenticationException e) throws IOException {

        response.setCharacterEncoding(StandardCharsets.UTF_8.toString());
        if (isAjaxRequest(request)) {
            response.setContentType(MediaType.APPLICATION_JSON_VALUE);
            response.getWriter().write(new ObjectMapper().writeValueAsString(Result.error("请登录!")));
        } else {
            response.setContentType(MediaType.TEXT_HTML_VALUE);
            response.sendRedirect(request.getContextPath() + "/login.html");
        }
    }

    public static boolean isAjaxRequest(HttpServletRequest request) {
        String requestType = request.getHeader("X-Requested-With");
        return "XMLHttpRequest".equals(requestType);
    }
}
```

添加相应的配置:

```
@EnableWebSecurity
public class SecurityConfig extends WebSecurityConfigurerAdapter {

    @Autowired
    private CustomerAccessDeniedHandler accessDeniedHandler;
    @Autowired
    private CustomerAuthenticationEntryPoint authenticationEntryPoint;
    ...

    @Override
```

```
protected void configure(HttpSecurity http) throws Exception {
    ...
    http.exceptionHandling().accessDeniedHandler
(accessDeniedHandler)
        .authenticationEntryPoint(authenticationEntryPoint);
}
```

细心的读者可能已经发现了，CustomerAccessDeniedHandler 和 CustomerAuthenticationEntryPoint 好像都是用来处理鉴权失败的情况的。它们有什么不同之处呢？

它们的区别其实就是 AccessDeinedHandler 和 AuthenticationEntryPoint 的区别。简单来讲，它们的区别如下：

- AccessDeinedHandler 用来解决认证过的用户访问无权限资源时的异常
- AuthenticationEntryPoint 用来解决匿名用户访问无权限资源时的异常

也就是说，如果用户登录了，则他访问没有权限的资源时会由 AccessDeinedHandler 处理；如果用户没有登录，则他访问没有权限的资源时会由 AuthenticationEntryPoint 处理。

10.4.7 记住我

很多网站的登录页面都会有一个 Remember Me，也就是"记住我"的复选框。勾选该复选框以后，在一段时间内再次访问该网站就不需要手动登录了。

Spring Security 也支持"记住我"的功能。下面我们用两种方式来实现一下。

- 基于 Spring Session 的方式
- 基于数据库的方式

基于 Spring Session 的方式实现的"记住我"

添加 **Spring Session** 的依赖：

```
<dependency>
    <groupId>org.springframework.session</groupId>
    <artifactId>spring-session-data-redis</artifactId>
</dependency>
```

> 这基于 Redis 实现。

开启"记住我"功能，并配置过期时间：

```
@Bean
public RememberMeServices rememberMeServices() {
    SpringSessionRememberMeServices rememberMeServices = new
SpringSessionRememberMeServices();
    rememberMeServices.setValiditySeconds(3600);
    return rememberMeServices;
}

@Override
protected void configure(HttpSecurity http) throws Exception {
    // 开启登录配置
    http.authorizeRequests()
        .anyRequest().authenticated()
        .and().formLogin()
        .and().rememberMe()
        .rememberMeServices(rememberMeServices())
        ...
        ;
}
```

经过上面的操作以后，你会发现登录界面多了一个 Remember me on this computer 复选框，如图 10-2 所示。

图 10-2　登录界面

勾选该复选框并登录 Redis，执行 keys spring *命令后，你会看到类似的值：

```
"spring:session:sessions:97432dd1-95a5-4fee-a97a-38e96040faf3"
"spring:session:sessions:expires:97432dd1-95a5-4fee-a97a-38e96040faf3"
"spring:session:index:org.springframework.session.FindByIndexName
SessionRepository.PRINCIPAL_NAME_INDEX_NAME:xiaoliu"
"spring:session:expirations:1632241140000"
```

基于数据库的方式实现的"记住我"

基于数据库的方式也很简单，Spring Security 提供了默认的实现，我们只需要配置一下即可：

```java
@Autowired
private DataSource dataSource;
@Bean
public PersistentTokenRepository persistentTokenRepository() {
    JdbcTokenRepositoryImpl jdbcTokenRepository = new JdbcTokenRepositoryImpl();
    jdbcTokenRepository.setDataSource(dataSource);
    // jdbcTokenRepository.setCreateTableOnStartup(true);
    return jdbcTokenRepository;
}

@Override
protected void configure(HttpSecurity http) throws Exception {
    // 开启登录配置
    http.authorizeRequests()
        .anyRequest().authenticated()
        .and().formLogin()
        .and().rememberMe()
        .tokenRepository(persistentTokenRepository())
        .tokenValiditySeconds(3600)
        ...
        ;
}
```

如果不想使用 jdbcTokenRepository.setCreateTableOnStartup(true) 来自动创建表，则可以执行如下建表语句来手动创建表：

```sql
create table persistent_logins
(
    username  varchar(64) not null,
    series    varchar(64) not null primary key,
    token     varchar(64) not null,
    last_used timestamp   not null
);
```

> 该建表语句来自 JdbcTokenRepositoryImpl 类中的常量 CREATE_TABLE_SQL。

10.4.8　常用的安全配置

在上面几个例子中，都使用了 HttpSecurity 类。该类提供了非常丰富的配置内容，几乎涵盖了 Spring Security 所有的配置项。表 10-4 列出了一些常用案例配置，以供读者查阅参考。

表 10-4 常用安全配置

方　　法	说　　明
httpBasic()	开启 HTTP Basic 认证
formLogin()	开启 HTTP 表单认证
oauth2Login()	开启 OAuth 2 认证
openidLogin()	开启 OpenID 认证
loginPage(String loginPage)	指定登录界面路径（默认为/login.html）
loginProcessingUrl(String loginProcessingUrl)	指定登录接口路径（默认为/login）
logout()	开启退出功能
logoutUrl(String logoutUrl)	指定退出接口路径（默认为/logout）
successForwardUrl(String forwardUrl)	指定登录成功后的跳转路径
failureForwardUrl(String forwardUrl)	指定登录失败后的跳转路径
usernameParameter(String usernameParameter)	指定登录时用户名的参数名（默认为 username）
passwordParameter(String passwordParameter)	指定登录时密码的参数名（默认为 password）
successHandler(AuthenticationSuccessHandler successHandler)	指定自定义登录成功处理器，代替 successForwardUrl
failureHandler(AuthenticationFailureHandler authenticationFailureHandler)	指定自定义登录失败处理器，代替 failureForwardUrl
cors()	开启跨域资源共享，可通过 disable 方法关闭
csrf()	开启跨站请求伪造拦截，可通过 disable 方法关闭
permitAll()	放行所有用户（包括认证和匿名）
anonymous()	放行匿名用户（已认证用户没有权限）
exceptionHandling()	指定自定义鉴权异常的处理器(需要配合下面两个方法使用)
accessDeniedHandler(AccessDeniedHandler accessDeniedHandler)	指定自定义已认证用户鉴权异常的处理器
authenticationEntryPoint(AuthenticationEntryPoint authenticationEntryPoint)	指定匿名用户鉴权异常的处理器
rememberMe()	开启"记住我"功能
rememberMeServices(RememberMeServices rememberMeServices)	设置"记住我"实现
tokenRepository(PersistentTokenRepository tokenRepository)	设置基于 Token 的"记住我"实现

关于权限控制的配置已经在 10.3.3 节中列出。

10.4.9 获取当前用户

获取当前用户是一个很常用的操作。无论是记录用户操作还是展示用户信息，都需要先获取当前用户。Spring Security 有两种获取当前用户的方式：

- 通过 Controller 中的参数映射
- 通过 SecurityContextHolder

通过 Controller 中的参数映射获取

在 Controller 中获取当前用户很简单，只需要在对应的接口方法中加上一个对应类型的参数即可。在 Controller 中可以通过 4 种途径来获取当前用户：

- Principal
- Authentication
- HttpServletRequest
- @AuthenticationPrincipal

示例代码如下：

```java
@ApiOperation(value = "获取当前用户-Principal")
@GetMapping(value = "/current-user-principal")
public Result<String> getCurrentUserPrincipal(Principal principal) {
    String userName = principal.getName();
    log.info("userName by Principal: {}", userName);
    return Result.success(userName);
}

@ApiOperation(value = "获取当前用户-Authentication")
@GetMapping(value = "/current-user-authentication")
public Result<String> getCurrentUserAuthentication(Authentication authentication) {

    String userName = authentication.getName();
    log.info("userName by Authentication: {}", userName);
    return Result.success(userName);
}

@ApiOperation(value = "获取当前用户-HttpServletRequest")
@GetMapping(value = "/current-user-httpServletRequest")
public Result<String> getCurrentUserHttpServletRequest
(HttpServletRequest
httpServletRequest) {
    String userName = httpServletRequest.getUserPrincipal().getName();
    log.info("userName by HttpServletRequest: {}", userName);
    return Result.success(userName);
```

```
    }
    @ApiOperation(value = "获取当前用户-@AuthenticationPrincipal")
    @GetMapping(value = "/current-user-authenticationPrincipal")
    public Result<String> getCurrentUserAuthenticationPrincipal(
        @AuthenticationPrincipal UserDetails user){
        String userName = user.getUsername();
        log.info("userName by @AuthenticationPrincipal: {}", userName);
        return Result.success(userName);
    }
```

通过 SecurityContextHolder 获取

有些操作不需要经过 Controller，那么这时要获取当前用户，就需要使用 SecurityContextHolder 了，代码也很简单：

```
public String getCurrentUser() {
    Authentication authentication =
        SecurityContextHolder.getContext().getAuthentication();
    // 非匿名用户访问才能获得用户信息
    if (!(authentication instanceof AnonymousAuthenticationToken)) {
        String userName = authentication.getName();
        log.info("userName by SecurityContextHolder: {}", userName);
        return userName;
    }
    throw new ApiException("用户不存在！");
}
```

10.5 前景

前些年提到 Java 的安全框架，人们通常会想到两个：一个是 Apache 的 Shiro；另一个就是 Pivotal 的 Spring Security。两者各有优势，各自都有适合的场景。Shiro 轻量、简单易用；Security 功能强大，学习门槛高。但是随着 Spring Boot 的出现，Spring Security 的使用成本大大降低。这直接威胁到了 Shiro 在 Java 安全领域的地位。借助 Spring 在 Java 领域的地位及 Spring Boot 的加持，Spring Security 会受到更多人的青睐。

本章只介绍了 Spring Security 的一些基本用法，然而它的强大远不止于此。要介绍 Spring Security 的所有功能，都足够再写一本书了，因为它涉及的内容太多了，官方文档就有几十万字。

Spring Security 功能强大，虽然在有了 Spring Boot 以后，学习门槛降低了，但是不容易学得特别精细，不过这座"安全大山"值得我们花费时间和精力去"攀登"。

10.6 要点回顾

- 认证用来核实你是谁，授权用来确定你被允许做什么
- Spring Security 支持 HTTP Basic、HTTP Form、LDAP、OpenID、CAS、ACL、OAuth 2、SAML、JAAS 等多种认证方式
- Spring Security 支持 Bcrypt、LDAP-SHA、MessageDigest、PBKDF2、Scrypt、Argon2 等加密方式
- Spring Security 可以通过配置、注解方式来配置权限，支持 Spring EL 表达式、RBAC 等多种权限配置方式
- 我们通过多个实例学习了 Spring Security 的认证、授权、异常处理（认证、鉴权）、"记住我"等实用功能

第 11 章

自律到"令人发指"的定时任务

自律是很多人都想拥有的一种能力,或者说素质,但是理想往往很美好,现实却是无比残酷的。在现实生活中,我们很难做到自律,或者说做到持续自律。例如,我们经常会做各种学习计划、储蓄计划或减肥计划等,但无一例外地被各种"意外"打破。这往往使得我们非常沮丧,甚至开始怀疑人生。

但是有一个"家伙"在自律方面做得格外出色。它只要制订了计划就会严格地执行,而且无论一个任务重复多少遍都不厌其烦,简直自律到"令人发指",它就是定时任务。

11.1 什么时候需要定时任务

哪些业务场景适合使用定时任务呢?简单概括一下就是:

at sometime to do something.

> 凡是在某一时刻需要做某件事情时,都可以考虑使用定时任务(非实时性需求)。

定时任务常见业务场景

- 银行月底汇总账单
- 电信公司月底结算话费
- 订单在 30 分钟内未支付会自动取消(延时任务)

- 商品详情、文章的缓存定时更新
- ……

11.2 Java 中的定时任务

11.2.1 单机

Timer：来自 JDK，从 JDK 1.3 开始引入。JDK 自带，不需要引入外部依赖，简单易用，但是功能相对单一。

ScheduledExecutorService：同样来自 JDK，比 Timer 晚一些，从 JDK 1.5 开始引入，它的引入弥补了 Timer 的一些缺陷。

Spring Task：来自 Spring，Spring 环境中单机定时任务的不二之选。

11.2.2 分布式

Quartz：分布式定时任务的基石，功能丰富且强大，既能与简单的单体应用结合，又能支撑起复杂的分布式系统。

ElasticJob：来自当当网，最开始是基于 Quartz 开发的，后来改用 ZooKeeper 来实现分布式协调。它具有完整的定时任务处理流程，很多国内公司都在使用（目前登记在册的有 80 多家），并且支持云开发。

XXL-JOB：来自大众点评，同样是基于 Quartz 开发的，后来改用自研的调度组件。它是一个轻量级的分布式任务调度平台，简单易用，很多国内公司都在使用（目前登记在册的有 400 多家）。

PowerJob：号称"全新一代分布式调度与计算框架"，采用无锁化设计，支持多种报警通知方式（如 WebHook、邮件、钉钉及自定义）。它比较重量级，适合做公司公共的任务调度中间件。

11.3 Spring Task 实战

我们先用 Spring Task 实现一个定时任务的实例。

在 Spring Boot 中使用定时任务，与使用其他技术一样，都非常简单、方便。要实现定时任务功能，我们需要用到 3 个注解——@EnableScheduling、@Scheduled 和 @Component。

@EnableScheduling 用来开启定时任务功能，放在工程的主类上；@Scheduled 用来设定任务的执行规则，放在具体的定时任务方法上；对于@Component，我们已经很熟悉了，它用来将类标记为一个被 Spring 管理的功能组件，放在包含定时任务方法的类上。

Spring Task 有 3 种模式，分别是 fixedDelay、cron 和 fixedRate。代码如下：

```java
@Slf4j
@Component
public class TimeTask {

    private int[] people = {6, 2, 3, 1};
    private int count = 0;
    @Scheduled(fixedDelay = 5000)
    public void fixedDelayTask() throws InterruptedException {
        if (count < 4) {
            int timeConsuming = people[count];
            log.info("fixedDelayTask-----第 {} 个人在 {} 开始如厕,耗时:{} 秒", count + 1,formatTime(), timeConsuming);
            Thread.sleep(timeConsuming * 1000L);
            count++;
        }
    }

    @Scheduled(cron = "0/5 * * * * ? ")
    public void cronTask() throws InterruptedException {
        if (count < 4) {
            int timeConsuming = people[count];
            log.info("cronTask-----第 {} 个人在 {} 开始如厕,耗时:{} 秒", count + 1, formatTime(),timeConsuming);
            Thread.sleep(timeConsuming * 1000L); count++;
        }
    }

    @Scheduled(fixedRate = 5000)
    public void fixedRateTask() throws InterruptedException {
        if (count < 4) {
            int timeConsuming = people[count];
            log.info("fixedRateTask-----第 {} 个人在 {} 开始如厕,耗时:{} 秒", count + 1,formatTime(), timeConsuming);
            Thread.sleep(timeConsuming * 1000L);
            count++;
        }
    }

    private String formatTime() {
        return LocalTime.now().format(DateTimeFormatter.ofPattern("HH:mm:ss"));
    }
```

        }
    }

这 3 种模式的用法都很简单，使用方式也很类似。那么它们究竟有什么不同呢？下面我们通过一个五星级豪华厕所的故事来说明一下。

11.3.1 故事背景

某地有一个五星级豪华厕所，大家都喜欢来这里如厕，因此坑位经常供不应求，需要人们排队如厕。一天，厕所外有 4 个人排队，每个人如厕需要的时间（这里只是为了做代码的类比实验，因此设置的时间较短，与现实生活并不相符）如下：

- 第 1 个人 6 秒
- 第 2 个人 2 秒
- 第 3 个人 3 秒
- 第 4 个人 1 秒

从第 1 个人开始如厕进行计时。

11.3.2 fixedDelay 模式

日志输出：

```
fixedDelayTask-----第 1 个人在 18:07:23 开始如厕，耗时：6 秒
fixedDelayTask-----第 2 个人在 18:07:34 开始如厕，耗时：2 秒
fixedDelayTask-----第 3 个人在 18:07:41 开始如厕，耗时：3 秒
fixedDelayTask-----第 4 个人在 18:07:49 开始如厕，耗时：1 秒
```

@Scheduled(fixedDelay = 5000)

在该模式下，厕所有一个特点：每当有人用完厕所后，厕所都需要 5 秒的自洁时间进行清洁、消毒等工作，从而保证下一个人使用的时候依然干净、卫生。fixedDelay 模式执行情况如图 11-1 所示。

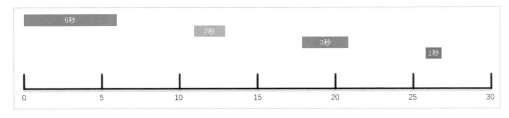

图 11-1　fixedDelay 模式执行情况

1．第 1 个人在第 0 秒时开始如厕，6 秒后结束，厕所需要 5 秒的自洁时间。

2．第 2 个人在第 11 秒（6+5）时开始如厕，2 秒后结束，厕所需要 5 秒的自洁时间。

3．第 3 个人在第 18 秒（11+2+5）时开始如厕，3 秒后结束，厕所需要 5 秒的自洁时间。

4．第 4 个人在第 26 秒（18+3+5）时开始如厕，1 秒后结束……

11.3.3　cron 模式

日志输出：

```
cronTask-----第 1 个人在 18:09:15 开始如厕，耗时：6 秒
cronTask-----第 2 个人在 18:09:25 开始如厕，耗时：2 秒
cronTask-----第 3 个人在 18:09:30 开始如厕，耗时：3 秒
cronTask-----第 4 个人在 18:09:35 开始如厕，耗时：1 秒
```

@Scheduled(cron = "0/5 * * * * ? ")

在该模式下，厕所只在时间秒数为 5 的整数倍时允许使用。因为经过严谨的科学分析，我们发现在时间秒数为 5 的整数倍时如厕体验更佳，所以只有当前时间秒数为 5 的整数倍时才可以进入厕所。并且，五星级豪华厕所升级设备可以保证在如厕完成的瞬间完成清洁、消毒，因此不再需要额外的自洁时间了，从而提升了厕所利用率。cron 模式执行情况如图 11-2 所示。

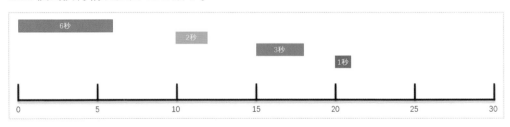

图 11-2　cron 模式执行情况

1．第 1 个人在 18:09:15 时开始如厕，6 秒后（18:09:21）结束，下一个如厕时间为 18:09:25。

2．第 2 个人在 18:09:25 时开始如厕，2 秒后（18:09:27）结束，下一个如厕时间为 18:09:30。

3．第 3 个人在 18:09:30 时开始如厕，3 秒后（18:09:33）结束，下一个如厕时间为 18:09:35。

4．第 4 个人在 18:09:35 时开始如厕，1 秒后（18:09:36）结束……

11.3.4 fixedRate 模式

日志输出：

```
fixedRateTask-----第 1 个人在 18:10:18 开始如厕，耗时：6 秒
fixedRateTask-----第 2 个人在 18:10:24 开始如厕，耗时：2 秒
fixedRateTask-----第 3 个人在 18:10:28 开始如厕，耗时：3 秒
fixedRateTask-----第 4 个人在 18:10:33 开始如厕，耗时：1 秒
```

> @Scheduled(fixedRate = 5000)

经过长时间的大数据分析，我们得出一个结论——人的最佳如厕时长是 5 秒。所以在该模式下，人们如厕前，厕所会根据等待人数提前制订如厕计划，即为每位等待者分配 5 秒的如厕时间。但是有一个规则：当如厕者提前结束时，下一个人仍然需要等够 5 秒；而当如厕者超时后，待厕者可以在上一个人完成时立即如厕。那么，如厕计划如下。

- 第 1 个人：第 0 秒进入
- 第 2 个人：第 6 秒进入
- 第 3 个人：第 10 秒进入
- 第 4 个人：第 15 秒进入

根据故事背景中每个人的如厕时间，fixedDelay 模式执行情况如图 11-3 所示。

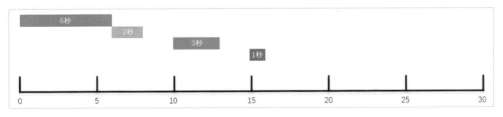

图 11-3 fixedRate 模式执行情况

1．第 1 个人在第 0 秒，即 18:10:18 时开始如厕，6 秒后结束，超时，第 2 个人立即如厕。

2．第 2 个人在第 6 秒（0+6），即 18:10:24 时开始如厕，2 秒后结束，未超时，第 3 个人等待 2 秒后按计划时间如厕。

3．第 3 个人在第 10 秒（6+2+2），即 18:10:28 时开始如厕，3 秒后结束，未超时，第 4 个人等待 2 秒后按计划时间如厕。

4．第 4 个人在第 15 秒（6+2+2+3+2），即 18:10:33 时开始如厕，1 秒后结束……

11.4 整合 Quartz

11.4.1 核心概念

- **Job**：任务的核心逻辑
- **JobDetail**：对 Job 进一步封装，完成一些属性设置
- **Trigger**：触发器，主要用来指定 Job 的触发规则
- **Scheduler**：调度器，用来维护 Job 的生命周期（创建、删除、暂停、调度等）

11.4.2 代码实战

添加依赖

```
<dependency>
    <groupId>org.springframework.boot</groupId>
    <artifactId>spring-boot-starter-quartz</artifactId>
</dependency>
```

自定义 Job

```
@Slf4j
public class MyJob extends QuartzJobBean {

    @Override
    protected void executeInternal(JobExecutionContext context) throws JobExecutionException {
        log.info("my job");
    }
}
```

> QuartzJobBean 是 Spring 对 Job 的进一步封装。

配置 Job

```
@Configuration
public class QuartzConfig{
    @Bean
    public JobDetail myJobDetail() {
        return JobBuilder.newJob(MyJob.class)
            .withIdentity("myJobDetail", "myJobDetailGroup")
            .storeDurably()
            .build();
```

```
    }
    @Bean
    public Trigger myTrigger() {
        return TriggerBuilder.newTrigger()
            .forJob(myJobDetail())
            .withIdentity("myJobTrigger", "myJobTriggerGroup")
            .startNow()
            .withSchedule(CronScheduleBuilder.cronSchedule("0/5 * * * ? "))
            .build();
    }
}
```

JobDetail 对 Job 进一步封装，如设置名称和分组、是否持久化、是否可恢复等。Trigger 用来指定 Job 的触发规则，如开始时间、频率、优先级等。

基本配置

```
spring:
  ...
  # Quartz 相关配置
  quartz:
    # Job 持久化方式（数据库）
    job-store-type: JDBC
    # 每次启动都初始化表结构
    jdbc:
      initialize-schema: always
      # 指定数据库脚本
      # schema: classpath:tables_mysql_innodb.sql
    properties:
      org:
        quartz:
          ...
          jobStore:
            ...
            # 表前缀
            tablePrefix: QRTZ_
```

将 Job 的持久化方式配置为数据库，设置每次启动都初始化表结构，表前缀为 QRTZ_。

11.4.3　Quartz 表说明

Quartz 表说明如表 11-1 所示。

表 11-1　Quartz 表说明

表　　名	说　　明
QRTZ_FIRED_TRIGGERS	存储与已触发的 Trigger 相关的状态信息，以及相应 Job 的执行信息
QRTZ_PAUSED_TRIGGER_GRPS	存储已暂停的 Trigger 组的信息
QRTZ_SCHEDULER_STATE	存储有关 Scheduler 的信息，包含实例名和最后检查时间，以及检查间隔
QRTZ_LOCKS	存储锁信息
QRTZ_SIMPLE_TRIGGERS	存储 SimpleTrigger，包括重复次数、重复间隔及已触发的次数
QRTZ_SIMPROP_TRIGGERS	存储 CalendarIntervalTrigger 和 DailyTimeIntervalTrigger 两种类型的触发器，使用 CalendarIntervalTrigger
QRTZ_CRON_TRIGGERS	存储 CronTrigger，包括 cron 表达式和时区信息等
QRTZ_BLOB_TRIGGERS	存储用户自定义的 Trigger，内置 Trigger 有自己单独的表
QRTZ_TRIGGERS	存储已配置的 Trigger 的基本信息（包含 Trigger 的各种属性）
QRTZ_JOB_DETAILS	存储已配置的 Job 的详细信息
QRTZ_CALENDARS	存储日历信息，支持 6 种日历：AnnualCalendar、CronCalendar、DailyCalendar、HolidayCalendar、MonthlyCalendar、WeeklyCalendar

> Quartz 内置了上述 11 张表，这些表的结构都比较简单。如果你想要自己实现动态定时任务，则需要了解每张表的具体作用。

11.5　cron 表达式

cron 模式是定时任务中最常用的触发策略，可以应对更多的情况。下面简单介绍一下 cron 表达式。一个 cron 表达式包括 7 个元素，分别如表 11-2 所示。

表 11-2　cron 表达式的规则

时间单位	是否必填	取值范围	通配符
秒	是	0～59 的整数	,、-、*、/四个字符
分	是	0～59 的整数	,、-、*、/四个字符
时	是	0～23 的整数	,、-、*、/四个字符
日	是	1～31 的整数（需要考虑该月的具体天数）	,、-、*、?、/、L、W、C 八个字符
月	是	1～12 的整数或者 JAN～DEC	,、-、*、/四个字符

续表

时间单位	是否必填	取值范围	通配符
周	是	1~7 的整数或者 SUN~SAT（1=SUN）	,、-、*、?、/、L、C、# 八个字符
年	否	1970~2099	,、-、*、/四个字符

我们不需要刻意记忆 cron 表达式的规则，因为在线生成 cron 表达式的工具有很多，需要的时候借助图形化工具生成即可。

11.6　要点回顾

- 定时任务适合处理在指定的时间内，按照指定的频率或次数处理的需求
- 定时任务有单机和分布式之分：单机的定时任务推荐使用 Spring Task；分布式的定时任务方案很多，可根据需要选择
- fixedDelay、cron 和 fixedRate 三种调度策略对超时任务的处理略有不同
- Quartz 的核心概念：Job、JobDetail、Trigger 和 Scheduler
- cron 是最常用的触发策略，但不需要我们刻意记忆，只需要我们能通过图形化工具生成 cron 表达式即可

第 12 章

RabbitMQ 从哪里来、是什么、能干什么、怎么干

12.1 消息队列的由来

MQ（Message Queuing，消息队列）最初是为了解决金融行业的特定业务需求而诞生的。Teknekron 公司开发了第一款 MQ 软件——TIB（The Information Bus）。随后 IBM、微软也陆续发布了自己的 MQ 软件。慢慢地，MQ 软件被应用到更多的领域。

然而，在商业 MQ 软件高昂的价格面前，很多初创公司望而却步，再加上众多 MQ 软件之间无法互通，因此行业急需一个"救世主"。就在这个时候，AMQP（Advanced Message Queuing Protocol，高级消息队列协议）应运而生。

在 AMQP 的第一份草案发布之后，没过多久（两个多月），Rabbit MQ 1.0 就被开发完成了（在 AMQP 制定期间，双方就有非常深入的沟通了）。

> AMQP 于 2003 年在摩根大通内部提出，随后由摩根大通牵头完成最初版本的制定。

12.2 核心概念

如图 12-1 所示，RabbitMQ 架构模型总体可以分为客户端和服务端两部分。客户端包括生产者和消费者；服务端包括虚拟主机、交换器及队列。两者通过连接和信道进行通信。

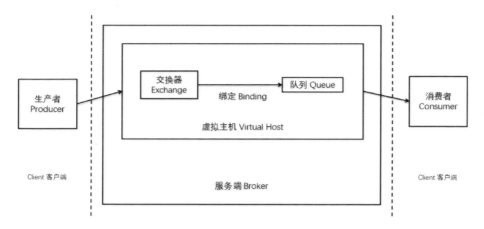

图 12-1 RabbitMQ 架构模型

整体的流程很简单：生产者（Producer）将消息发送到服务端（Broker），消费者（Consumer）从服务端获取对应的消息。当然，生产者在发送消息前需要先确定发送给哪个虚拟主机（Virtual Host）的哪个交换器（Exchange），再由交换器通过路由键（Routing Key）将消息转发给与之绑定（Binding）的队列（Queue）。最后，消费者到指定的队列中获取自己的消息进行消费。

12.2.1 客户端

图 12-1 中两侧的生产者和消费者都属于客户端，是需要我们用代码实现具体逻辑的部分。

生产者

生产者是消息的发送方，将要发送的信息封装成一定的格式，发送给服务端。消息通常包括消息体（payload）和标签（label）。

消费者

消费者是消息的接收方，负责消费消息体。

12.2.2 服务端

图 12-1 的中部表示 RabbitMQ 的服务端，这部分是我们部署的 RabbitMQ 服务，可以是单机也可以是集群。

虚拟主机

虚拟主机用来对交换器和队列进行逻辑隔离。在同一个虚拟主机下，交换器和队列的名称不能重复。这一点类似于 Java 中的 package，在同一个 package 下，不能出现相同名称的类或接口。

交换器

交换器负责接收生产者发来的消息，并根据规则分配给对应的队列。它不生产消息，只是消息的搬运工。

队列

队列负责存储消息。生产者发送的消息会被存放到这里，而消费者从这里获取消息。

12.2.3 连接和信道

连接和信道（Connection & Channel）是客户端与服务端通信的桥梁。在发送和接收消息时，都需要通过连接和信道与服务端通信。连接和信道的关系如图 12-2 所示，一个连接包含了多条信道。连接就是 TCP 连接（AMQP 连接是通过 TCP 实现的），在连接的基础上可以创建信道。连接是线程共享的，但信道是私有的。

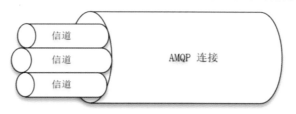

图 12-2　连接和信道

为什么不直接使用连接，而非要增加一个信道的概念呢？其实主要是因为操作系统的资源成本问题，TCP 连接对于操作系统来说是比较重要的资源。建立一个 TCP 连接需要三次握手，而销毁一个 TCP 连接需要四次挥手。所以，当遇到高并发的情况时，如果每个线程向 RabbitMQ 服务端发送/接收消息时都建立一个 TCP 连接，就会造成极大的资源消耗。而如果让线程共享同一个 TCP 连接，又无法保证线程之间的私密性，就会导致线程之间互相干扰。所以，"TCP 连接+信道"的模式应运而生，既避免了不必要的系统开销，又保证了线程之间的私密性。

12.3 业务场景

消息队列适用于哪些业务场景呢？这就要从消息队列的功能说起了。消息队列的主要功能有以下 3 种。

第一，消息队列天生具备异步处理的功能。
第二，消息队列可以作为系统之间的沟通桥梁，且不受系统技术栈约束。
第三，队列的特性可以给高并发的业务提供缓冲。

异步处理

有些业务由 N 个子业务组成，而且有些是核心子业务，有些是非核心子业务。比如，"提交订单"可能涉及创建订单、扣减库存、增加用户积分、发送订单邮件等。显然，创建订单和扣减库存是核心子业务，所以，没必要等待发送订单邮件后再告诉用户订单提交成功，更没有必要因为邮件发送失败而通知用户订单提交失败。那么，发送订单邮件和增加用户积分这样的操作就可以交给消息队列去异步执行。

总的来说，异步是为了尽快返回，提升用户体验。

系统解耦

仍然以电商业务为例，用户在购买一件商品时，需要多个系统互相配合才能完成，如订单系统、支付系统、积分系统、库存系统、客服系统等。这些系统之间既需要紧密的配合，又需要各自保持独立。这样才能让系统既稳定，又能应对快速发展的业务需要。这就需要各个系统既要灵活多变，又要在变化的同时不影响其他系统，甚至用户更换了实现语言也互不影响。而消息队列恰好可以满足这些需求，充当系统之间通信的桥梁。

缓冲削峰

经历过春节抢火车票的读者应该都有感触，12306 网站的排队抢票就是一个很适合使用消息队列的场景。在火车票开卖的瞬间，系统中瞬间涌入海量请求，如果将这些请求一股脑地发送到业务服务器上，那么再厉害的架构，再高端的服务器也"扛"不住。消息队列可以组织这些请求有序排队，然后由业务系统按顺序处理。自从 12306 有了排队功能，就很少出现系统崩溃的情况了。

12.4 工作模式

RabbitMQ 支持 7 种工作模式，具体如图 12-3 所示。

第 12 章　RabbitMQ 从哪里来、是什么、能干什么、怎么干

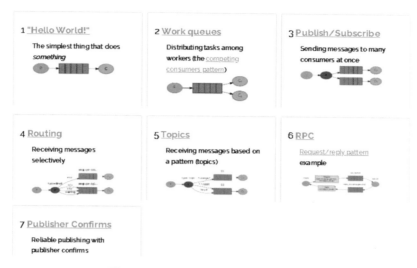

图 12-3　RabbitMQ 支持 7 种工作模式

RabbitMQ 支持 7 种工作模式：
- 简单模式
- 工作队列模式
- 广播模式
- 路由模式
- 动态路由模式
- 远程模式
- 生产者确认模式

这里我们只对前 5 种常用模式进行详细讨论。

12.4.1　无交换器参与

简单模式

如图 12-4 所示，简单模式真的很简单，生产者将消息发送给队列，消费者从队列中获取消息即可。

图 12-4　简单模式

类似的情况在生活中也有，比如，快递员（生产者）先将快递（消息）放到快递柜（队列），然后你（消费者）凭取件码取件（消费消息）。

工作队列模式

工作队列模式在本质上跟简单模式没有什么区别，只是消费者从一个变成了多个，如图 12-5 所示。在默认情况下，生产者将消息放入队列，多个消费者会依次进行消费。假设有 3 个消费者，生产者向队列发送 3 条消息，3 个消费者会每人消费一条消息，那么我们可以将这种情况称为"雨露均沾"机制。

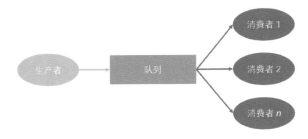

图 12-5　工作队列模式

我们还可以通过修改属性，将其修改为"能者多劳"机制，后面会进行演示。

12.4.2　有交换器参与

广播模式

如图 12-6 所示，广播模式开始有交换器参与了。与工作队列模式相比，广播模式更加公平、公正、公开。在工作队列模式下，只有在消息条数是消费者数量的整数倍时才能做到公平分配；而在广播模式下，即使只发送一条消息，它对应的所有消费者也能全部收到，真正做到了一视同仁、见者有份……

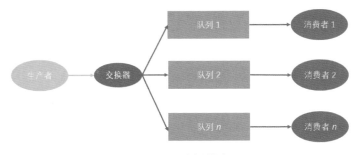

图 12-6　广播模式

这种模式就像使用收音机听广播，只要你调到对应的频率，就可以收听到电台的节目。

路由模式

如图 12-7 所示，在路由模式下，交换器会根据不同的路由键（Routing Key）将消息发送给指定的队列，从而被特定的消费者消费。一个队列可以拥有一个或多个 Routing Key，一个 Routing Key 可以属于一个或多个队列。

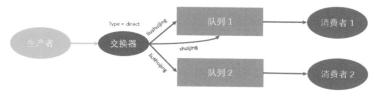

图 12-7　路由模式

动态路由模式

动态路由模式可以被看作路由模式的升级版。路由模式需要指定明确的 Routing Key，而动态路由模式可以支持带通配符的 Routing Key，如图 12-8 所示。

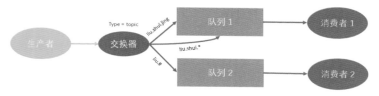

图 12-8　动态路由模式

*即星号，代表一个词；#即井号，代表零个或多个词；词之间用 .（即英文句号）隔开。

12.5　动手实践

12.5.1　Web 管理端

启动 RabbitMQ 服务，访问 http://localhost:15672，可以看到如图 12-9 所示的登录界面。

图 12-9　登录界面

RabbitMQ 为我们提供了一个默认账号，用户名和密码都是 guest。我们用这个账号登录后，会进入概览界面，如图 12-10 所示。

图 12-10　概览界面

- 服务器数据统计——消息投递情况，以及连接、信道、交换器、队列、消费者的数量
- RabbitMQ 节点信息——Erlang 进程、内存、磁盘空间等
- 端口及 Web 信息
- 导入/导出服务器配置
- ……

Overview 右侧的选项可以对每一项进行更详细的管理，虚拟主机的相关操作选项被放到了 Admin 界面里面。我们按照图 12-11 所示的步骤添加一个虚拟主机，后面会用到。

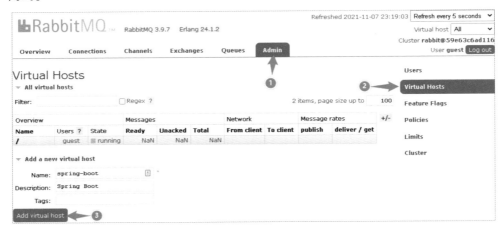

图 12-11　虚拟机添加界面

管理端非常容易上手，没有什么技术难度，这里就不过多介绍了。

12.5.2 代码实战

添加依赖

Spring Boot 集成 RabbitMQ 需要添加对应的 Starter 依赖：

```xml
<dependency>
    <groupId>org.springframework.boot</groupId>
    <artifactId>spring-boot-starter-amqp</artifactId>
</dependency>
```

添加配置

在 application.yml 文件中添加如下配置：

```yaml
spring:
  ...
  # 配置 RabbitMQ 服务器
  rabbitmq:
    host: 127.0.0.1
    port: 5672
    username: guest
    password: guest
    # 虚拟主机
    virtual-host: spring-boot
```

将虚拟主机配置为上面创建的 spring-boot。

简单模式

生产者

```java
@Slf4j
@RestController
@RequestMapping("/rabbit")
public class RabbitController {

    @Autowired
    private RabbitTemplate rabbitTemplate;
    @PostMapping("/")
    @ApiOperation("简单模式")
    public void send(String routingKey, String message) {
        rabbitTemplate.convertAndSend(routingKey, message);
    }

}
```

> Spring Boot 为我们封装了操作 RabbitMQ 的工具——RabbitTemplate。我们在之前学习 Redis 时也接触到了 RedisTemplate。这两个工具都是将基本的操作进行了进一步封装，让我们用起来更加方便。

消费者

```
@Slf4j
@Component
@RabbitListener(queuesToDeclare = @Queue("hello"))
public class HelloConsumer {

    @RabbitHandler
    public void receive(String message) {
        log.info(message);
    }
}
```

参数

```
routingKey: hello
message: hello rabbit
```

输出

```
hello rabbit
```

工作队列模式

生产者

```
@Slf4j
@RestController
@RequestMapping("/rabbit")
public class RabbitController{

    @Autowired
    private RabbitTemplate rabbitTemplate;
    @PostMapping("/work")
    @ApiOperation("工作队列模式")
    public void sendWork(String routingKey, String message) {
        for (int i = 1; i <= 10; i++) {
            rabbitTemplate.convertAndSend(routingKey, "第 " + i + " 条消息: " + message);
        }
    }

}
```

消费者

```java
@Slf4j
@Component
public class WorkConsumer {

    @RabbitListener(queuesToDeclare = @Queue("work"))
    public void receiveOne(String message) {
        log.info("{} 被 receiveOne 消费", message);
    }
    @RabbitListener(queuesToDeclare = @Queue("work"))
    public void receiveTwo(String message) {
        log.info("{} 被 receiveTwo 消费", message);
    }
}
```

参数

```
routingKey: work
message: work rabbit
```

输出（"雨露均沾"机制）

```
第 1 条消息: work rabbit  被  receiveTwo  消费
第 2 条消息: work rabbit  被  receiveOne  消费
第 3 条消息: work rabbit  被  receiveTwo  消费
第 4 条消息: work rabbit  被  receiveOne  消费
第 5 条消息: work rabbit  被  receiveTwo  消费
第 6 条消息: work rabbit  被  receiveOne  消费
第 7 条消息: work rabbit  被  receiveTwo  消费
第 8 条消息: work rabbit  被  receiveOne  消费
第 9 条消息: work rabbit  被  receiveTwo  消费
第 10 条消息: work rabbit  被  receiveOne  消费
```

receiveOne 和 receiveTwo 各消费 5 条消息，因为它们的处理能力相当，所以日志会交替打印。

自定义 RabbitListenerContainerFactory

```java
@Configuration
public class RabbitConfig {

    @Bean
    public RabbitListenerContainerFactory rabbitListenerContainerFactory(ConnectionFactory connectionFactory){
        SimpleRabbitListenerContainerFactory factory = new SimpleRabbitListenerContainerFactory();
        factory.setConnectionFactory(connectionFactory);
        // MANUAL 手动确认
```

```java
        // AUTO   消费完成后自动确认 (Spring 确认)
        // NONE   消息分配后就确认 (RabbitMQ 确认)
        factory.setAcknowledgeMode(AcknowledgeMode.AUTO);
        // 拒绝策略，为 true 时回到队列，为 false 时丢弃，默认为 true
        factory.setDefaultRequeueRejected(true);
        // 默认的 PrefetchCount 是 250
        factory.setPrefetchCount(0);
        return factory;
    }

}
```

> factory.setPrefetchCount(0); 启用"能者多劳"机制。

改造生产者

```java
@Slf4j
@Component
public class WorkConsumer {

    @RabbitListener(containerFactory = "rabbitListenerContainerFactory",
            queuesToDeclare = @Queue("work"))
    public void receiveOne(String message) {
        try {
            Thread.sleep(1000);
        } catch (Exception e) {
            e.printStackTrace();
        }
        log.info("{} 被 receiveOne 消费", message);
    }

    @RabbitListener(containerFactory = "rabbitListenerContainerFactory",
            queuesToDeclare = @Queue("work"))
    public void receiveTwo(String message) {
        try {
            Thread.sleep(4000);
        } catch (Exception e) {
            e.printStackTrace();
        }
        log.info("{} 被 receiveTwo 消费", message);
    }

}
```

receiveOne 的处理能力为 receiveTwo 的 4 倍。这样一来，10 条消息中应该有 8 条被 receiveOne 消费，2 条被 receiveTwo 消费。下面我们来验证一下。

输出（"能者多劳"机制）

```
第 1 条消息: work rabbit    被    receiveOne    消费
第 3 条消息: work rabbit    被    receiveOne    消费
第 4 条消息: work rabbit    被    receiveOne    消费
第 2 条消息: work rabbit    被    receiveTwo    消费
第 5 条消息: work rabbit    被    receiveOne    消费
第 7 条消息: work rabbit    被    receiveOne    消费
第 8 条消息: work rabbit    被    receiveOne    消费
第 9 条消息: work rabbit    被    receiveOne    消费
第 6 条消息: work rabbit    被    receiveTwo    消费
第 10 条消息: work rabbit    被    receiveOne    消费
```

日志输出结果表明，程序确实是按照"能者多劳"的策略进行消费的，且 receiveOne 消费消息的数量是 receiveTwo 的 4 倍。

广播模式

生产者

```
@Slf4j
@RestController
@RequestMapping("/rabbit")
public class RabbitController{

    @Autowired
    private RabbitTemplate rabbitTemplate;
    @PostMapping("/fanout")
    @ApiOperation("广播模式")
    public void sendFanout(String exchange, String message) {
        rabbitTemplate.convertAndSend(exchange, "", message);
    }

}
```

消费者

```
@Slf4j
@Component
public class FanoutConsumer {

    @RabbitListener(bindings =
        @QueueBinding( value = @Queue,
        exchange = @Exchange(name = "fanout", type = "fanout")
    ))
    public void receiveOne(String message) {
        log.info("receiveOne {}", message);
    }
```

```
        @RabbitListener(bindings =
                @QueueBinding( value = @Queue,
                exchange = @Exchange(name = "fanout", type = "fanout")))
        public void receiveTwo(String message) {
            log.info("receiveTwo {}", message);
        }

}
```

参数

```
routingKey: fanout
message: fanout rabbit
```

receiveOne 和 receiveTwo 应该都会消费。

输出

```
receiveOne fanout rabbit
receiveTwo fanout rabbit
```

结果与我们所想的一样。

路由模式

生产者

```
@Slf4j
@RestController
@RequestMapping("/rabbit")
public class RabbitController {

    @Autowired
    private RabbitTemplate rabbitTemplate;
    @PostMapping("/direct")
    @ApiOperation("路由模式")
    public void sendDirect(String exchange, String routingKey, String message) {
        rabbitTemplate.convertAndSend(exchange, routingKey, message);
    }

}
```

消费者

```
@Slf4j
@Component
public class DirectConsumer {

    @RabbitListener(bindings = @QueueBinding( value = @Queue,
            key = {"liushuijing", "shuijing"},
            exchange = @Exchange(name = "direct", type = "direct")
```

```
    ))
    public void receiveOne(String message) {
        log.info("receiveOne message: {}", message);
    }

    @RabbitListener(bindings = @QueueBinding( value =
        @Queue,
        key = {"liushuijing"},
        exchange = @Exchange(name = "direct", type = "direct")
    ))
    public void receiveTwo(String message) {
        log.info("receiveTwo message: {}", message);
    }
}
```

参数一

```
exchange: direct
routingKey: liushuijing
message: liushuijing
```

receiveOne 和 receiveTwo 应该都会消费。

输出一

```
receiveTwo message: liushuijing
receiveOne message: liushuijing
```

结果与我们所想的一样。

参数二

```
exchange: direct
routingKey: shuijing
message: shuijing
```

只有 receiveOne 会消费。

输出二

```
receiveOne message: shuijing
```

结果与我们所想的一样。

动态路由模式

> 可以直接复用路由模式的生产者。

消费者

```
@Slf4j
@Component
```

```java
public class TopicConsumer {

    @RabbitListener(bindings =
            @QueueBinding( value = @Queue,
            key = {"liu.shui.jing"},
            exchange = @Exchange(name = "topic", type = "topic")
    ))
    public void receiveOne(String message) {
        log.info("receiveOne message: {}", message);
    }

    @RabbitListener(bindings =
            @QueueBinding( value = @Queue,
            key = {"liu.shui.*"},
            exchange = @Exchange(name = "topic", type = "topic")
    ))
    public void receiveTwo(String message) {
        log.info("receiveTwo message: {}", message);
    }

    @RabbitListener(bindings =
            @QueueBinding( value = @Queue,
            key = {"liu.shui.#"},
            exchange = @Exchange(name = "topic", type = "topic")
    ))
    public void receiveThree(String message) {
        log.info("receiveThree message: {}", message);
    }

    @RabbitListener(bindings = @QueueBinding( value = @Queue,
            key = {"liu.#"},
            exchange = @Exchange(name = "topic", type = "topic")
    ))
    public void receiveFour(String message) {
        log.info("receiveFour message: {}", message);
    }

}
```

参数一

```
exchange: topic
routingKey: liu.shui.jing
message: liu.shui.jing
```

4 个消费者都会消费。

输出一

```
receiveOne message: liu.shui.jing
receiveTwo message: liu.shui.jing
receiveThree message: liu.shui.jing
receiveFour message: liu.shui.jing
```

结果与我们所想的一样。

参数二

```
exchange: topic
routingKey: liu.shui
message: liu.shui
```

只有 receiveThree 和 receiveFour 会消费。

输出二

```
receiveThree message: liu.shui
receiveFour message: liu.shui
```

结果与我们所想的一样。

参数三

```
exchange: topic
routingKey: liu
message: liu
```

只有 receiveFour 会消费。

输出三

```
receiveFour message: liu
```

结果与我们所想的一样。

12.6　要点回顾

- 消息队列起源于金融行业
- 消息队列的核心概念包括生产者、消费者、连接、信道、虚拟主机、交换器、队列
- 消息队列擅长的业务场景包括异步处理、系统解耦、缓冲削峰
- **RabbitMQ** 有 7 种工作模式：简单模式、工作队列模式、广播模式、路由模式、动态路由模式、远程模式、生产者确认模式

第 13 章

反其道行之的 Elasticsearch

在这个移动互联网早已普及的时代，搜索成了每个人日常生活的刚性需求。我们可以用淘宝搜商品，用微博搜话题，用知乎搜问题，用 GitHub 搜代码，用 bilibili 搜视频，等等。

搜索是一种高效获取信息的方式，只需要一个输入框和一个按钮，并输入关键字，即可立刻得到结果。我们每天享受着技术带来的便利，那么你有没有想过自己也能做一个"搜索引擎"呢？下面介绍本章的"主角"——Elasticsearch。

13.1 Elasticsearch 简介

13.1.1 什么是搜索引擎

我们对搜索引擎都有一定的了解，但你可能不知道搜索引擎还有以下几种分类：
- 目录搜索引擎
- 全文搜索引擎
- 元搜索引擎
- 垂直搜索引擎

目录搜索引擎：算不上真正的搜索引擎。由人工采集、整理分类的信息网站，以及早期那些门户网站属于这一类。

全文搜索引擎：目前应用最广泛的搜索引擎，通过网络爬虫、自然语言处理（NLP）及大数据分析形成自己庞大的数据库。百度、谷歌、必应等属于这一类。

元搜索引擎：简单来讲，就是一种聚合多个全文搜索引擎的工具。它可以先把关键词发送给多个搜索引擎，然后把各个搜索引擎的搜索结果组合在一起。元搜索引擎并不生产搜索结果，它只是搜索结果的搬运工。

垂直搜索引擎：属于全文搜索引擎的一个细分类型，是某个特定业务领域的全文搜索引擎。本章开篇提到的淘宝、微博、bilibili 等都属于这一类。

> 我们通常使用的是垂直搜索引擎。

13.1.2　在搜索界的地位

图 13-1 所示为来自 DB-Engines 的搜索引擎排行。

Rank			DBMS	Database Model	Score		
Dec 2021	Nov 2021	Dec 2020			Dec 2021	Nov 2021	Dec 2020
1.	1.	1.	Elasticsearch	Search engine, Multi-model	157.72	-1.36	+5.23
2.	2.	2.	Splunk	Search engine	94.32	+2.02	+7.32
3.	3.	3.	Solr	Search engine, Multi-model	57.72	+3.87	+6.48
4.	4.	4.	MarkLogic	Multi-model	8.94	-0.40	-2.00
5.	5.	5.	Algolia	Search engine	8.24	+0.03	+0.41
6.	6.	↑7.	Sphinx	Search engine	8.01	+0.10	+1.69
7.	7.	↓6.	Microsoft Azure Search	Search engine	7.15	-0.22	+0.30
8.	↑9.	↑10.	Virtuoso	Multi-model	5.07	+0.25	+2.48
9.	↓8.	↓8.	ArangoDB	Multi-model	4.75	-0.35	-0.76
10.	10.	↓9.	Amazon CloudSearch	Search engine	2.21	-0.03	-0.85
11.	11.	↑12.	CrateDB	Multi-model	0.91	+0.01	+0.22
12.	12.	↓11.	Xapian	Search engine	0.76	-0.02	-0.25
13.	13.	13.	Alibaba Cloud Log Service	Search engine	0.56	-0.02	+0.15
14.	14.	14.	SearchBlox	Search engine	0.35	+0.01	-0.04
15.	15.	↑16.	Weaviate	Search engine	0.14	+0.00	+0.03
16.	16.	↓15.	Manticore Search	Search engine	0.06	+0.00	-0.01
17.	17.	17.	Exorbyte	Search engine	0.04	-0.01	+0.00
18.	18.	18.	FinchDB	Multi-model	0.03	+0.00	0.00
19.	19.	↑20.	Indica	Search engine	0.00	±0.00	±0.00
19.	19.	↑20.	Rizhiyi	Search engine, Multi-model	0.00	±0.00	±0.00
19.	19.	19.	searchxml	Multi-model	0.00	±0.00	-0.01

图 13-1　DB-Engines 搜索引擎排行

DB-Engines 数据来源：搜索引擎（谷歌、必应）中的检索次数；谷歌趋势；技术网站（Stack Overflow、DBA Stack Exchange）的问答、讨论；招聘网站（Indeed、Simply Hired）中的招聘要求；职场社交网站（领英）用户的个人简介；社交媒体（Twitter）上的发帖内容。

可以看到，Elasticsearch 不仅常居榜首，且得分"一骑绝尘"。

13.1.3　为什么是 Elasticsearch

Elasticsearch 和排名第三的 Solr 都是基于 Lucene 的，性能都很好，可以对 PB 量级的数据进行秒级的查询。那么，Elasticsearch 的优势有哪些呢？

> 1PB = 1024 TB

与 Solr 对比

- Elasticsearch 是分布式的，而 Solr 需要借助 ZooKeeper
- Solr 单纯的查询性能优于 Elasticsearch，但建立索引时会有 I/O 阻塞，而 Elasticsearch 不存在这个问题，因此也更适合互联网业务
- 随着数据量的增加，Solr 的性能会下降，而 Elasticsearch 基本不受影响
- Elasticsearch 提供了简单易用的 REST API，可以无缝地与其他技术结合

因为 Elasticsearch 自身的强大与易用，所以在很多业务场景都能看到它的身影。它除了是垂直搜索引擎的首选解决方案，还可以与 Logstash 和 Kibana 组成著名的 ELK 组合，是非常好的日志处理与分析工具，并且适用于数据分析与数据挖掘等 BI 业务场景。

谁在用

- 国外：GitHub、Uber、Facebook 等
- 阿里巴巴、腾讯、百度、字节跳动、美团、滴滴等

13.2 核心概念

13.2.1 核心对象

虽然 Elasticsearch 中的概念不能等同于关系型数据库（RDB）中的概念，但是借助原来的知识做一个近似的对比，可以让我们更容易理解。Elasticsearch 核心对象如表 13-1 所示。

表 13-1　Elasticsearch 核心对象

Elasticsearch	RDB
Index	Database
Type	Table
Document	Row
Field	Column
Mapping	Schema

Index：相当于 RDB 中的 Database，一个 Index 下可以有多个 Type。

Type：相当于 RDB 中的 Table。后来，官方意识到一个 Index 可以对应多个 Type 并不是很合理，于是开始弱化 Type 的概念。自 8.x 版本以后，一个 Index 只能对应一

个 Type（也就是_doc），也就是说，将两者合二为一了。

Document：相当于 RDB 数据表中的一条数据，即 Row。

Field：相当于 RDB 中的字段，即 Column。

Mapping：相当于 RDB 的定义（如字段、主/外键、索引等），即 Scheme，是对 Index 的描述。

13.2.2 倒排索引

Elasticsearch 这类搜索引擎在搜索方面之所以能够胜过传统的关系型数据库，最重要的一点是两者的索引方式不同。传统关系型数据库的正排索引示例如表 13-2 所示。

表 13-2 正排索引示例

文章ID	标　　题	内　　　容
1	Spring Boot集成RabbitMQ	世上本没有MQ，需要的人多了，便诞生了MQ……
2	Spring Boot集成Elasticsearch	Elasticsearch在速度和可扩展性方面都表现出色，而且能够索引多种类型的……
3	Spring Boot集成Redis	Redis（Remote Dictionary Server，远程字典服务）是一个开源的使用……
4	Spring Boot集成Spring Security	Spring Security是一个标准的基于Spring的安全应用，具有安全认证和访问控制……

关系型数据库的这种索引结构叫作"正排索引"。这种结构更适合根据文章 ID 获取文章的内容，但是如果想要通过关键字获取文章就不太合适了。

Elasticsearch 的索引结构类似于表 13-3 所示的这种结构（实际要复杂很多）。

表 13-3 倒排索引示例

关　键　词	文章ID列表
集成	1, 2, 3, 4
一个	3, 4
开源	3
Elasticsearch	2
……	……

可以看到，Elasticsearch 索引会先将文章拆分成一个个的词，然后与含有这些词的文章 ID 对应起来。这样一来，我们就很容易通过关键字得到一个文章列表。这种索引结构叫作"倒排索引"。

13.3 动手实践

13.3.1 版本匹配

不同的 Elasticsearch 版本之间存在差异，使用时要格外注意。表 13-4 所示为 Elasticsearch 和 Spring 的版本对应关系。

表 13-4 Elasticsearch 与 Spring 的版本对应关系

Spring Data Release Train	Spring Data Elasticsearch	Elasticsearch	Spring Framework	Spring Boot
2021.1 (Q)	4.3.x	7.15.2	5.3.x	2.5.x
2021.0 (Pascal)	4.2.x	7.12.0	5.3.x	2.5.x
2020.0 (Ockham)	4.1.x	7.9.3	5.3.2	2.4.x
Neumann	4.0.x	7.6.2	5.2.12	2.3.x
Moore	3.2.x	6.8.12	5.2.12	2.2.x
Lovelace	3.1.x	6.2.2	5.1.19	2.1.x
Kay	3.0.x	5.5.0	5.0.13	2.0.x
Ingalls	2.1.x	2.4.0	4.3.25	1.5.x

> 我们使用的版本是 Elasticsearch 7.12.x。

13.3.2 准备工作

首先在 Elasticsearch 官网下载 Elasticsearch 安装包，并解压缩后进入 bin 目录，然后运行 elasticsearch.bat，访问 http://localhost:9200。

```
{
  "name" : "b174a60fdd2e",
  "cluster_name" : "docker-cluster",
  "cluster_uuid" : "StT-eaR5SKigOkShcgbPPw",
  "version" : {
    "number" : "7.14.2",
    "build_flavor" :"default",
    "build_type" : "docker",
    "build_hash" : "6bc13727ce758c0e943c3c21653b3da82f627f75",
    "build_date" : "2021-09-15T10:18:09.722761972Z",
    "build_snapshot" : false,
    "lucene_version" :"8.9.0",
    "minimum_wire_compatibility_version" : "6.8.0",
```

```
      "minimum_index_compatibility_version":"6.0.0-beta1"
    },
    "tagline" : "You Know, for Search"
}
```

看到类似于上面的返回值,就说明 Elasticsearch 已经成功启动。

添加依赖

在 pom 文件中添加 Elasticsearch 的 Starter 依赖:

```
<dependency>
    <groupId>org.springframework.boot</groupId>
    <artifactId>spring-boot-starter-data-elasticsearch </artifactId>
</dependency>
```

添加配置

Elasticsearch 基本配置:

```
spring:
  ...
  elasticsearch:
    rest:
    uris: http://localhost:9200
    connection-timeout: 5
    read-timeout: 10
```

创建文档实体类

创建一个文档实体类:

```
@Data
@Document(indexName = "article", createIndex = false)
public class Article {

    @Id
    private Long id;
    @Field(store = true, searchAnalyzer = "ik_smart", analyzer = "ik_smart")
    private String author;
    @Field(store = true, searchAnalyzer = "ik_smart", analyzer = "ik_smart")
    private String title;
    @Field(store = true, searchAnalyzer = "ik_max_word", analyzer = "ik_max_word")
    private String content;
}
```

> 附录中有关于 ik 分词器的安装说明。

注解说明

- @Document：用来标识文档实体类。indexName 属性用来指定索引名称；createIndex = false 表示不自动创建索引，默认为 true，建议关闭生产环境
- @Id：用来指定索引的 Id 字段，注意是 org.springframework.data.annotation.Id
- @Field：用来标识文档的字段。store 属性用来设置是否持久化；analyzer 用来指定索引的分词器；searchAnalyzer 用来指定查询时的分词器，如果没有，则使用 analyzer

13.3.3 Elasticsearch 的 CRUD

似曾相识的 ElasticsearchRepository

如同我们在前面学习 JPA 时用到的 JpaRepository 一样，Spring Boot 提供了专门用于 Elasticsearch 的 Repository——ElasticsearchRepository。创建 ArticleRepository 并继承 ElasticsearchRepository：

```
public interface ArticleRepository extends ElasticsearchRepository<Article, Long> {

    Page<Article> findByTitleLike(String title, Pageable page);
}
```

由图 13-2 可知，ElasticsearchRepository 和 JpaRepository 一样，都继承了 CrudRepository 和 PagingAndSortingRepository。所以，ElasticsearchRepository 天生具备很多功能，并且支持基于约定的扩展功能，这在 JPA 的相关章节已经进行了详细的说明，这里就不再赘述了。

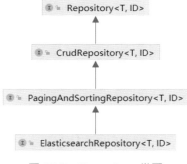

图 13-2　Repository 类图

创建 Controller

在 ElasticsearchController 中依次调用 ArticleRepository 的各个方法：

```java
@RestController
@RequestMapping("/es")
public class ElasticsearchController {

    @Autowired
    private ArticleRepository articleRepository;
    @PostMapping
    @ApiOperation("新增")
    public Result<Iterable<Article>> create(@RequestBody List<Article> articleList) {
        return Result.success(articleRepository.saveAll (articleList));
    }

    @PutMapping
    @ApiOperation("更新")
    public Result<Article> update(@RequestBody Article article) {
        return Result.success(articleRepository.save(article));
    }

    @DeleteMapping
    @ApiOperation("删除")
    public Result<Boolean> delete(@RequestParam Long id) {
        articleRepository.deleteById(id);
        return Result.success(Boolean.TRUE);
    }

    @ApiOperation("根据标题搜索")
    @GetMapping("/search-title")
    public Result<Page<Article>> searchByTitle(String title) {

        // page 从第 0 页开始
        Pageable pageable = PageRequest.of(0,10);
        return Result.success(articleRepository.findByTitleLike (title, pageable));
    }

}
```

初始化数据可以在代码库中获取，即 es-init-data.json 文件中。注意，使用之前记得先创建索引。

PUT 'http://localhost:9200/article'

13.3.4 ElasticsearchRestTemplate

除了 ElasticsearchRepository，Spring Boot 还提供了另外一种访问 Elasticsearch 的

方式，即 ElasticsearchRestTemplate。对于 xxxTemplate，我们应该很熟悉了，因为我们在前面已经学习过 RedisTemplate 和 RabbitTemplate 了。

ElasticsearchRepository 与 ElasticsearchRestTemplate

如果你查看源码，就会发现，ElasticsearchRepository（SimpleElasticsearchRepository 实现类）其实调用了 ElasticsearchRestTemplate（或者 AbstractElasticsearchTemplate）。而 ElasticsearchRestTemplate 其实是对 RestHighLevelClient（Elasticsearch 官方提供的 Java 客户端）的进一步封装。

既生瑜何生亮

既然有了 ElasticsearchRepository，为什么还要有 ElasticsearchRestTemplate 呢？而且 ElasticsearchRepository 就是对 ElasticsearchRestTemplate 进行了各种调用。实际上，是因为 Spring 想要保持 Spring Data 的初衷，提供统一的接口（Repository），屏蔽具体的数据层实现。ElasticsearchRepository 负责对文档进行各种 CRUD 操作，而 ElasticsearchRestTemplate 用来做更低层的操作，如索引的维护、更复杂的查询等。

关键字高亮显示

使用 ElasticsearchRestTemplate 实现一个关键字高亮显示的查询方法：

```
@GetMapping("/search-temp")
@ApiOperation("通过 Template 搜索")
public Result<SearchHits<Article>> search(String keyWord) {

    // page 从第 0 页开始
    Pageable pageable = PageRequest.of(0,10);
    HighlightBuilder.Field highlightField = new HighlightBuilder.Field("title")
        .preTags("<span>")
        .postTags("</span>");
    Query query = new NativeSearchQueryBuilder().withQuery(QueryBuilders
        .multiMatchQuery(keyWord, "author","title","content"))
        .withHighlightFields(highlightField)
        .withPageable(pageable)
        .build();
    SearchHits<Article> search = elasticsearchRestTemplate.search(query, Article.class);
    return Result.success(search);
}
```

> HighlightBuilder 用来指定需要高亮显示的字段和标签。

你会看到类似如下的返回结果：

```
{
    "totalHits": 1,
    "totalHitsRelation": "EQUAL_TO",
    "maxScore": 1.2278929,
    "searchHits": [
        {
            "index": "article",
            "id": "2",
            "score": 1.2278929,
            "content": {
                "id": 2,
                "author": "小水",
                "title": "Spring Boot 集成 Elasticsearch",
                "content":"Elasticsearch在速度和可扩展性方面都表现出色，
而且能够索引多种类型的内容，这意味着其可用于多种用例"
            },
            "highlightFields":
                { "title": [
                    "Spring Boot 集成 <span>Elasticsearch</span>"
                ]
                }
        }
    ],
    "empty": false
}
```

可以看到，**searchHits.highlightFields.title** 中的 Elasticsearch 被<span>标签包裹住了，这样一来，就可以被前端识别到，并被高亮显示出来。当然，这个高亮显示的标签是可以自定义的。

13.4 数据同步

在通常情况下，Elasticsearch 不负责生产数据，一般都会先将数据同步到 Elasticsearch，然后由 Elasticsearch 完成搜索。开发人员涉及最多的场景就是将数据库的数据同步到 Elasticsearch。同步可以分为两种类型：一种是全量同步；另一种是增量同步。全量同步通常只会进行一次，是在初始同步时进行的。之后，数据库发生增加、删除、修改的操作时，只会将变化同步过去，这就是增量同步了。

增量同步可以采用定时同步或实时同步的方案来实现。

13.4.1 定时同步

这种方案很简单，只需要编写定时任务，每隔一段时间就将该时间段产生的变化同步到 Elasticsearch 即可。Elastic 官方提供的 Logstash 采用的就是定时同步方案。我们可以设置同步频率和同步的 SQL 语句。需要注意的是边界的确定，如果逻辑不严谨，则可能会出现重复数据或者缺少数据的问题。

13.4.2 实时同步

以 MySQL 为例，实时同步方案一般都是基于 binlog 实现的。binlog 是 MySQL 记录数据发生增加、删除、修改操作的二进制日志。它可以用来查看数据库的变更历史、数据库的增量备份和恢复，以及 MySQL 的主/从复制。阿里巴巴的开源 MySQL 同步组件 canal 就是基于 binlog 实现的。

13.5 要点回顾

- 搜索引擎分为目录搜索引擎、全文搜索引擎、元搜索引擎、垂直搜索引擎
- Elasticsearch 核心对象包括 Index、Type、Document、Field、Mapping
- Elasticsearch 适合做搜索引擎的原因在于倒排索引
- Spring Boot 提供了两种访问 Elasticsearch 的方式，即 ElasticsearchRepository 和 ElasticsearchRestTemplate
- 将 MySQL 数据同步到 Elasticsearch 通常有两种方案，即定时同步和实时同步。

第 14 章

项目上线的"最后一公里"——部署与监控

恭喜你！掌握了前面章节讲解的知识，你已经具备了独立开发一个中小型系统的能力。但是先不要着急，我们还差最后一步，才能让开发的应用投入使用，那就是部署。

在 Spring Boot 出现之前，部署通常会先将打好的 War 包放到 Tomcat（或其他 Web 容器）的 Webapps 目录下，然后启动 Tomcat。你可能还记得在本书第 3 章中，我们选择的打包方式是 Jar 而不是 War。那么，Jar 格式的工程如何启动呢？接下来我们就来揭开谜底，并对比 War 和 Jar 的异同点。

14.1 部署

Spring Boot 推荐我们使用 Jar 的方式打包和运行工程（也是默认方式）。通过这段时间对 Spring Boot 的了解，我们已经发现了一个规律——采用 Spring Boot 推荐的方式（约定优于配置）通常都非常简单（基本上不需要做额外的工作）。当然，Spring Boot 也会给我们自定义的自由，只需要做一些额外的配置即可。

14.1.1 Jar

在采用 Jar 的方式打包应用时，我们不需要做任何额外的工作，只需要按部就班地使用 Maven 打包即可。执行完打包命令，target 目录下就会生成一个 Jar 文件，如 hello-0.0.1-SNAPSHOT.jar，然后使用 java-jar 命令启动即可。

打开系统命令行工具，将路径切换到 Jar 文件所在的目录：

```
java -jar hello-0.0.1-SNAPSHOT.jar
```

接下来就可以看到熟悉的启动日志了，并且待应用启动完成后，就可以访问我们写的接口了，很简单。

14.1.2 War

Spring Boot 之所以令人喜爱，是因为它除了为我们做了很多自动配置，还能够让我们非常方便地使用自定义配置。

下面我们就通过自定义配置，将 Spring Boot 工程以传统的 War 方式进行打包。只需要修改项目主类（SpringbootApplication）和 pom 文件即可。

修改项目主类

```
@SpringBootApplication
public class SpringbootApplication extends SpringBootServletInitializer {

    public static void main(String[] args) {
        SpringApplication.run(SpringbootApplication.class, args);
    }

    @Override
    protected SpringApplicationBuilder configure(SpringApplicationBuilder builder) {
        return builder.sources(SpringbootApplication.class);
    }
}
```

首先，我们需要项目主类继承 SpringBootServletInitializer，然后重写 configure 方法，即可完成项目主类的修改。

修改 pom 文件

pom 文件中需要修改 3 个地方：
- 修改打包方式
- 修改依赖项
- 设置 War 文件名

具体代码如下：

```xml
<?xml version="1.0" encoding="UTF-8"?>
<project xmlns="..."
         xmlns:xsi="..."
         xsi:schemaLocation="... ">
    ...
    <!-- 修改成 War -->
    <packaging>War</packaging>
    <properties>
        <java.version>1.8</java.version>
    </properties>

    <dependencies>
        <dependency>
            <groupId>org.springframework.boot</groupId>
            <artifactId>spring-boot-starter-web</artifactId>
            <!-- 移除内置 Tomcat -->
            <exclusions>
                <exclusion>
                    <groupId>org.springframework.boot</groupId>
                    <artifactId>spring-boot-starter-tomcat </artifactId>
                </exclusion>
            </exclusions>
        </dependency>

        <!-- 添加 Tomcat 依赖，用于在 IDE 中运行项目 -->
        <dependency>
            <groupId>org.springframework.boot</groupId>
            <artifactId>spring-boot-starter-tomcat</artifactId>
            <scope>provided</scope>
        </dependency>
        ...
    </dependencies>

    <build>
        <!-- 设置 War 文件名 -->
        <finalName>springboot</finalName>
        ...
    </build>

</project>
```

接下来使用 Maven 打包，并在打包完成后将 War 文件复制到 Tomcat 的 Webapps 目录下，最后运行 startup 脚本（Tomcat 的启动脚本在 bin 目录下）。

14.1.3 DevTools

DevTools 是 Spring Boot 1.3 引入的一组开发者工具，目的是提高开发效率。其中一个很重要的功能是，在代码被修改后会自动重启应用。就这样？比自己手动重启也强不了多少呀！如果只是将原来的手动重启变成了自动重启，那真的没什么。

自动重启优势所在

为了提升重启的速度，Spring Boot 将资源分成了两类：一类是不变对象（如项目依赖的 Jar 包）；另一类是可变对象（如应用中的类或资源文件）。基础类加载器用来加载不变对象；重启类加载器用来加载可变对象。

那么，在重启时就可以只加载可变对象了。这样一来，启动速度势必会比加载所有资源的方式更快。理论上讲，项目依赖的第三方资源越多（项目越大），这种机制的优势就越明显。

添加依赖

引入 DevTools 依赖：

```
<dependency>
    <groupId>org.springframework.boot</groupId>
    <artifactId>spring-boot-devtools</artifactId>
    <optional>true</optional>
</dependency>
```

设置 IDE

要想使用 Spring Boot 的自动重启功能，需要对 IDE 进行一些设置。以 Intellij IDEA 为例，我们需要开启自动构建和自动编译。

开启自动构建

选择 file→Settings 菜单命令（在 Mac 系统中：选择 Intellij IDEA→Preferences 菜单命令），打开 Settings 对话框，选择 Compiler 选项，并勾选 Build project automatically 复选框，开启自动构建，如图 14-1 所示。

打开 Settings 对话框的快捷键如下。

- Windows 系统：Ctrl + Alt + S
- Mac 系统：Command + ,

Build project automatically 复选框后面有一行小字：only works while not running/debugging。勾选该复选框后，系统告诉我只能在非运行（调试）状态下起作用。Intellij IDEA，你是在逗我吗？我要的是在运行时起作用呀！所以，我们还需要做一个设置。

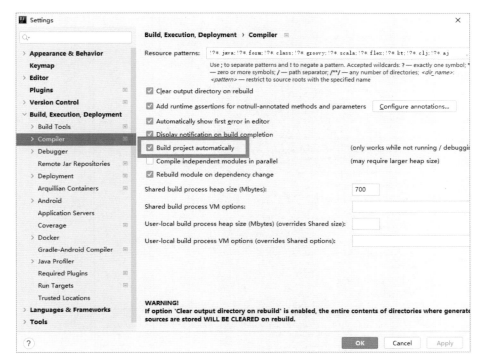

图 14-1　开启自动构建

开启自动编译

选择 Help→Find Action→Registry 菜单命令，查找设置项，如图 14-2 所示。快捷键如下。

- Windows 系统：Ctrl + Alt + Shift + /
- Mac 系统：Command + Option + Shift + /

图 14-2　查找设置项

勾选 compiler.automake.allow.when.app.running 复选框，如图 14-3 所示。

图 14-3　设置自动编译

可以看到，这个选项允许应用在运行时进行自动编译。

经过以上步骤，在修改完类或 application.yml 文件后，应用就可以自动重启了。

自定义规则

如果你想要定制自动重启功能，可以通过以下配置项来实现：

```
# 是否启用自动重启功能，默认值为 true
spring.devtools.restart.enabled

# 不在监控范围内的目录，默认值需要到 DevToolsProperties 类中查看
spring.devtools.restart.exclude

# 用来设置不需要监控的路径（会与 spring.devtools.restart.exclude 叠加）
spring.devtools.restart.additional-exclude

# 用来设置 classpath 以外的监控路径
spring.devtools.restart.additional-paths

# 监控 classpath 下文件修改的时间间隔，单位为毫秒，默认值为 1000
spring.devtools.restart.poll-interval
```

```
# classpath 下文件无更新的等待时间（如果超过这个时间没有任何更新，就开始重启）
# 单位为毫秒，默认值为 400
spring.devtools.restart.quiet-period

# 设置一个用于触发重启功能的文件，如果不设置，那么只要 classpath 有更改就可以
# 触发重启功能
spring.devtools.restart.trigger-file
```

14.2 监控

我们在前面学习了 Spring Boot 应用的部署方式。那么，当应用被部署到生产环境以后，我们如何随时掌握它的运行状态呢？这时就该 Actuator 出场了，有了它，我们就像长了"顺风耳""千里眼"。它可以将应用的一举一动通过网线瞬间呈现给我们，让我们可以"运筹帷幄之中，决胜千里之外"。

14.2.1 Actuator

> Actuator 是一个制造术语，指的是移动或控制某物体的机械装置。这种装置可以非常精准地展示每一个细微的变化。

这也是 Spring 对 Actuator 的期望。Actuator 是 Spring Boot 的附加功能，可以帮助我们监控和管理应用，并且支持使用 HTTP 端点或 JMX 来管理和监视应用程序。

通用端点

通用端点如表 14-1 所示。

表 14-1 通用端点

ID	Description
auditevents	当前应用中的审计事件信息。需要配置 AuditEventRepository Bean
beans	当前应用中所有被 Spring 管理的 Bean
caches	当前应用中所有可用的缓存
conditions	显示在配置和自动配置类上评估的条件，以及它们匹配或不匹配的原因
configprops	当前应用的属性配置信息列表（被 @ConfigurationProperties 注解修饰的配置）
env	当前应用的环境配置信息
flyway	已经被应用的 Flyway 数据库迁移信息。需要配置 Flyway Bean

续表

ID	Description
health	应用当前的健康状况信息
httptrace	应用的HTTP请求追踪信息。需要配置HttpTraceRepository Bean
info	当前应用信息（用于自定义作者信息等）
integrationgraph	Spring集成信息。需要依赖spring-integration-core包
loggers	当前应用的日志配置信息（支持修改）
liquibase	已经被应用的Liquibase数据库迁移信息。需要配置Liquibase Bean
metrics	当前应用的各项度量指标
mappings	当前应用的所有@RequestMapping路径
quartz	当前应用中Quartz的任务信息
scheduledtasks	当前应用中的定时任务信息
sessions	当前应用中允许检索和删除的用户会话（如果我们使用了Spring Session）
shutdown	优雅地关闭当前应用。默认关闭
threaddump	执行一个线程dump操作（获取线程快照）

> 在默认情况下，除 shutdown 以外的所有端点都已启用。

附加端点

如果你的应用是一个 Web 工程（如 Spring MVC、Spring WebFlux 或 Jersey），还可以使用表 14-2 所示的附加端点。

表 14-2　附加端点

ID	Description
heapdump	获得一个JVM堆的dump文件（可以使用JVisualVM查看）
jolokia	通过HTTP暴露JMX Bean（不支持WebFlux），需要依赖jolokia-core包
logfile	返回日志文件内容（如果配置了logging.file.name或logging.file.path属性）。可以使用HTTP Range头截取日志文件内容
prometheus	为Prometheus（一个强大的监控系统）开放的抓取接口。需要依赖micrometer-registry-prometheus包

集成 Actuator

在 Spring Boot 中开启一个功能的步骤，我们已经再熟悉不过了，一般就是添加一下 Maven 依赖即可。遇到相对"麻烦"的情况，也就是再添加一些配置而已。

添加依赖

```
<dependency>
    <groupId>org.springframework.boot</groupId>
```

```xml
    <artifactId>spring-boot-starter-actuator</artifactId>
</dependency>
```

Actuator 就属于"一步到位"的类型，添加 Maven 依赖后，就可以使用了。

查看效果

在默认配置下，访问 http://localhost:8080/springboot/actuator，我们会得到如下信息：

```
{
  "_links": {
    "self": {
      "href": "http://localhost:8080/springboot/actuator",
      "templated": false
    },
    "health-path": {
      "href": "http://localhost:8080/springboot/actuator/health/{*path}",
      "templated": true
    },
    "health": {
      "href": "http://localhost:8080/springboot/actuator/health",
      "templated": false
    }
  }
}
```

以上是 Actuator 默认暴露给我们的端点。

访问 http://localhost:8080/springboot/actuator/health，查看一些应用的健康状况，返回的信息非常简单：

```
{
    "status": "UP"
}
```

因为端点可能包含敏感信息，所以（HTTP 端点）在默认情况下只暴露了 health 和 info 端点。并且 health 端点只显示了最简略的信息。我们可以通过修改配置来选择暴露哪些端点。

暴露端点

在 application.yml 文件中添加如下配置以暴露所有端点，并显示 health 详情：

```yml
# 监控配置
management:
  endpoints:
    web:
      exposure:
        include: "*"
```

```yaml
endpoint:
  health:
    show-details: always
```

重启应用后,再次访问 http://localhost:8080/springboot/actuator,我们会得到如下结果:

```json
{
  "_links": {
    "self": {
      "href": "http://localhost:8080/springboot/actuator",
      "templated": false
    },
    "beans": {
      "href": "http://localhost:8080/springboot/actuator/beans",
      "templated": false
    },
    "caches": {
      "href": "http://localhost:8080/springboot/actuator/caches",
      "templated": false
    },
    "caches-cache": {
      "href": "http://localhost:8080/springboot/actuator/caches/{cache}",
      "templated": true
    },
    "health": {
      "href": "http://localhost:8080/springboot/actuator/health",
      "templated": false
    },
    "health-path": {
      "href": "http://localhost:8080/springboot/actuator/health/{*path}",
      "templated": true
    },
    "info": {
      "href": "http://localhost:8080/springboot/actuator/info",
      "templated": false
    },
    "conditions": {
      "href": "http://localhost:8080/springboot/actuator/ conditions",
      "templated": false
    },
    "shutdown": {
      "href": "http://localhost:8080/springboot/actuator/shutdown",
      "templated": false
    },
```

```
    "configprops": {
      "href": "http://localhost:8080/springboot/actuator/configprops",
      "templated": false
    },
    "configprops-prefix": {
      "href": "http://localhost:8080/springboot/actuator /configprops/{prefix}",
      "templated": true
    },
    "env-toMatch": {
      "href": "http://localhost:8080/springboot/actuator/env/{toMatch}",
      "templated": true
    },
    "env": {
      "href": "http://localhost:8080/springboot/actuator/env",
      "templated": false
    },
    "loggers-name": {
      "href": "http://localhost:8080/springboot/actuator/loggers/{name}",
      "templated": true
    },
    "loggers": {
      "href": "http://localhost:8080/springboot/actuator/loggers",
      "templated": false
    },
    "heapdump": {
      "href": "http://localhost:8080/springboot/actuator/heapdump",
      "templated": false
    },
    "threaddump": {
      "href": "http://localhost:8080/springboot/actuator/threaddump",
      "templated": false
    },
    "metrics-requiredMetricName": {
      "href":   "http://localhost:8080/springboot/actuator/metrics/{requiredMetricName}",
      "templated": true
    },
    "metrics": {
      "href": "http://localhost:8080/springboot/actuator/metrics",
      "templated": false
    },
    "quartz": {
      "href": "http://localhost:8080/springboot/actuator/quartz",
```

```
      "templated": false
    },
    "quartz-jobsOrTriggers-group-name": {
      "href": "http://localhost:8080/springboot/actuator/quartz/
{jobsOrTriggers}/{group}/{name} ",
      "templated": true
    },
    "quartz-jobsOrTriggers": {
      "href": "http://localhost:8080/springboot/actuator/quartz/
{jobsOrTriggers}",
      "templated": true
    },
    "quartz-jobsOrTriggers-group":
    { "href": "http://localhost:8080/springboot/actuator/quartz/
{jobsOrTriggers}/{group}",
      "templated": true
    },
    "scheduledtasks": {
      "href": "http://localhost:8080/springboot/actuator/
scheduledtasks",
      "templated": false
    },
    "sessions-sessionId": {
      "href": "http://localhost:8080/springboot/actuator/sessions/
{sessionId}",
      "templated": true
    },
    "sessions": {
      "href": "http://localhost:8080/springboot/actuator/sessions",
      "templated": false
    },
    "mappings": {
      "href": "http://localhost:8080/springboot/actuator/mappings",
      "templated": false
    }
  }
}
```

接下来访问 http://localhost:8080/springboot/actuator/health，看看有什么变化：

```
{
  "status": "UP",
  "components": {
    "db": {
      "status":
      "UP",
      "details": {
        "database": "MySQL",
```

```
      "validationQuery": "isValid()"
    }
  },
  "diskSpace": {
    "status": "UP",
    "details": {
      "total": 499069718528,
      "free": 259353575424,
      "threshold": 10485760,
      "exists": true
    }
  },
  "elasticsearch": {
    "status": "UP",
    "details": {
      "cluster_name": "docker-cluster",
      "status": "yellow",
      "timed_out": false,
      "number_of_nodes": 1,
      "number_of_data_nodes": 1,
      "active_primary_shards": 2,
      "active_shards": 2,
      "relocating_shards": 0,
      "initializing_shards": 0,
      "unassigned_shards": 1,
      "delayed_unassigned_shards": 0,
      "number_of_pending_tasks": 0,
      "number_of_in_flight_fetch": 0,
      "task_max_waiting_in_queue_millis": 0,
      "active_shards_percent_as_number": 66.66666666666666
    }
  },
  "ping": {
    "status": "UP"
  },
  "rabbit": {
    "status": "UP",
    "details": {
      "version": "3.9.7"
    }
  },
  "redis": {
    "status":
    "UP", "details": {
      "version": "3.2.100"
    }
```

```
        }
    }
```

可以看到，health 端点的信息丰富了不少。我们还看到了数据库、Elasticsearch、RabbitMQ 和 Redis。

开启/关闭端点

端点的开启和关闭可以使用 management.endpoint.<id>.enabled 属性来控制。该属性值为 true，则开启端点；该属性值为 false，则关闭端点。我们以 shutdown 端点为例，首先在 application.yml 文件中添加如下配置：

```
management:
  endpoint:
    shutdown:
      enabled: true
```

然后重启应用，并使用 POST 方式（可以使用 PostMan）请求 shutdown 端点，我们会看到返回如下信息：

```
{
    "message": "Shutting down, bye..."
}
```

这时你会发现你的服务被关闭了，说明 shutdown 端点已经被成功开启了。

14.2.2 自定义

就像我们之前了解的那样，Spring Boot 除了提供一些常用功能，还给予我们自定义的自由。这种设计思路无处不在，Actuator 也不例外。

自定义健康指示器

一些常用的内置健康指示器如表 14-3 所示。

表 14-3 内置健康指示器

Key	Name	Description
cassandra	CassandraDriverHealthIndicator	检查 Cassandra 数据库是否可用
couchbase	CouchbaseHealthIndicator	检查 Couchbase 集群是否可用
db	DataSourceHealthIndicator	检查能否获得数据库连接
diskspace	DiskSpaceHealthIndicator	检查硬盘剩余空间是否足够
elasticsearch	ElasticsearchRestHealthIndicator	检查 Elasticsearch 集群是否可用
hazelcast	HazelcastHealthIndicator	检查 Hazelcast 服务是否可用

续表

Key	Name	Description
influxdb	InfluxDbHealthIndicator	检查InfluxDB服务是否可用
jms	JmsHealthIndicator	检查JMS Broker是否可用
ldap	LdapHealthIndicator	检查LDAP服务是否可用
mail	MailHealthIndicator	检查邮件服务是否可用
mongo	MongoHealthIndicator	检查MongoDB是否可用
neo4j	Neo4jHealthIndicator	检查Neo4j数据库是否可用
ping	PingHealthIndicator	ping，只要应用还在运行就返回up
rabbit	RabbitHealthIndicator	检查RabbitMQ服务是否可用
redis	RedisHealthIndicator	检查Redis服务是否可用
solr	SolrHealthIndicator	检查Solr服务是否可用

这些内置的健康指示器都是被 Spring Boot 自动配置的。比如，我们刚刚看到了 Elasticsearch、RabbitMQ 等信息。

下面我们来编写一个自定义的健康指示器，需要实现 HealthIndicator 接口，并实现 health 方法：

```java
@Component
public class CustomHealthIndicator implements HealthIndicator {

    @Override
    public Health health() {
        boolean result = check();
        if (!result) {
            return Health.down().withDetail("message","出错了").build();
        }
        return Health.up().build();
    }

    // 自定义检查逻辑
    private boolean check() {
        Random random = new Random();
        int randomNum = random.nextInt(10);
        return randomNum % 2 == 0;
    }

}
```

我们可以通过直接访问 http://localhost:8080/springboot/actuator/health/custom 来查看效果：

```
{
    "status": "DOWN",
```

```
        "details": {
            "message": "出错了"
        }
    }
```

我们可以根据需要定制检查的内容和逻辑。

自定义端点

除了自定义健康指示器,我们还可以自定义端点。自定义端点的意义在于,它不仅可以展示信息,还可以对应用进行修改(更新和删除)。自定义端点需要用到两个注解,即@Endpoint 和@XxxOperation("Xxx"代表 Read、Write 和 Delete):

```
@Component
@Endpoint(id = "customEndPoint")
public class CustomEndPoint {

    @ReadOperation
    public Map<String,String> read() {
        Map<String, String> map = new HashMap<>();
        map.put("name", "自定义端点");
        return map;
    }

    @WriteOperation
    public Map<String,String> write(String name) {
        Map<String, String> map = new HashMap<>();
        map.put("message", name + " 已被修改 ");
        return map;
    }

    @DeleteOperation
    public Map<String,String> delete(String name) {
        Map<String, String> map = new HashMap<>();
        map.put("message", name + " 已被删除 ");
        return map;
    }
}
```

Operation 注解与 HTTP 方法的对应关系如表 14-4 所示。

表 14-4 Operation 注解与 HTTP 方法的对应关系

Operation注解	HTTP方法
@ReadOperation	GET
@WriteOperation	POST
@DeleteOperation	DELETE

我们使用 GET、POST、DELETE 方法请求 http://localhost:8080/springboot/actuator/customEndPoint，可以得到下面的效果：

```
# GET
{
    "name": "自定义端点"
}

# POST
{
    "message": "哈哈哈 已被修改"
}

# DELETE
{
    "message": "哈哈哈 已被删除"
}
```

> 注意，不要忘记传递参数。

14.2.3　Spring Boot Admin

Spring Boot Admin 是 codecentric AG 发起的一个社区项目，主要功能是将 Actuator 的各项指标进行图形化展示。前端页面是基于 Vue.js 编写的。

整合

Spring Boot Admin 分为两部分：Server 和 Client。Server 是用来监控和管理的；Client 是需要被监控的应用。因此，我们需要先创建一个 Server 工程，再将 Client 添加到业务应用中。

服务端

Spring Boot Admin 的服务端没有什么特殊的地方，只需要在一个简单的 Spring Boot 工程上添加相应的 Jar 包和配置即可。

需要依赖的 Jar 包如下：

```xml
<dependency>
    <groupId>de.codecentric</groupId>
    <artifactId>spring-boot-admin-starter-server</artifactId>
    <version>2.5.4</version>
</dependency>
```

为了不和客户端冲突，需要配置服务端的端口号：

```yaml
server:
  servlet:
    context-path: /admin
  port: 9090
```

在主类上添加@EnableAdminServer，开启监控：

```java
@EnableAdminServer
@SpringBootApplication
public class AdminApplication {

    public static void main(String[] args) {
        SpringApplication.run(AdminApplication.class, args);
    }

}
```

启动服务端，访问 http://localhost:9090/admin，可以看到如图 14-4 所示的 Spring Boot Admin 界面。

图 14-4　Spring Boot Admin 界面

当前只有服务端在运行，所以看不到什么有用的信息，下面我们把客户端注册进来。

客户端

在业务应用中添加 Client 的 Jar 包：

```xml
<dependency>
    <groupId>de.codecentric</groupId>
    <artifactId>spring-boot-admin-starter-client</artifactId>
    <version>2.5.4</version>
</dependency>
```

添加相应的配置：

```yaml
spring:
  ...

  # 配置应用名称
  application:
```

```
    name: actuator

# 配置 Spring Boot Admin 信息
boot:
  admin:
    client:
      # 服务端地址
      url: http://localhost:9090/admin
      instance:
        # 客户端地址
        health-url: http://localhost:8080/springboot/actuator/health
        service-url: http://localhost:8080/springboot/doc.html
        management-url: http://localhost:8080/springboot/actuator
```

查看效果

启动客户端（我们的业务应用），再次查看服务端的界面，你会看到如图 14-5 所示的应用列表。

图 14-5　应用列表

这说明我们已经将客户端成功注册到了 Spring Boot Admin。单击某个应用，可以看到应用详情，如图 14-6 所示。

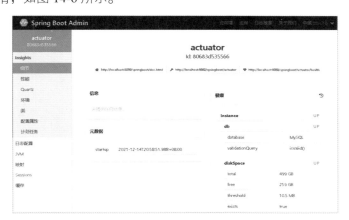

图 14-6　应用详情

实际上，这些信息我们在之前就已经看到了，这里只是用图形化的方式将其展示出来，使其更加直观了。在日志报表界面还可以查看被监控应用的事件日志，如图14-7所示。

图 14-7　事件日志

监控内容包含很多敏感信息，如果某用户知道监控系统的地址就能随意查看，那么安全风险就太大了。因此，我们需要为其添加访问限制。这实现起来很简单，基本上还是先添加依赖，再修改配置。

在服务端添加 Spring Security 的依赖：

```
<dependency>
    <groupId>org.springframework.boot</groupId>
    <artifactId>spring-boot-starter-security</artifactId>
</dependency>
```

在配置文件中配置用户名和密码：

```
# 配置用户名和密码
spring:
  security:
   user:
    name: admin
    password: 123456
```

> 当然，你可以利用在本书第 10 章学习到的知识，将用户名和密码存储在数据库里，这里只是为了演示方便。

添加 Spring Security 的配置类：

```
@Configuration(proxyBeanMethods = false)
public class SecuritySecureConfig extends WebSecurityConfigurerAdapter {

    private final AdminServerProperties adminServer;
```

```java
        private final SecurityProperties security;
        public SecuritySecureConfig(AdminServerProperties adminServer,
SecurityProperties security) {
            this.adminServer =adminServer;
            this.security = security;
        }

        @Override
        protected void configure(HttpSecurity http) throws Exception {
            SavedRequestAwareAuthenticationSuccessHandler successHandler =
new SavedRequestAwareAuthenticationSuccessHandler();
            successHandler.setTargetUrlParameter("redirectTo");
            successHandler.setDefaultTargetUrl(this.adminServer.path ("/"));
            http.authorizeRequests( (authorizeRequests) -> authorizeRequests.
antMatchers(this. adminServer.path("/assets/**")).permitAll()
                .antMatchers(this.adminServer.path("/actuator/info")).
permitAll()
                .antMatchers(this.adminServer.path("/actuator/health")).
permitAll()

                .antMatchers(this.adminServer.path("/login")).permitAll().
anyRequest().authenticated()
        ).formLogin(
            (formLogin) -> formLogin.loginPage(this.adminServer.path
("/login")).successHandler(successHandler).and()
        ).logout((logout) -> logout.logoutUrl(this.adminServer.path
("/logout"))).httpBasic(Customizer.withDefaults())
            .csrf((csrf) -> csrf.csrfTokenRepository
(CookieCsrfTokenRepository.withHttpOnlyFalse())
                .ignoringRequestMatchers(
                    new AntPathRequestMatcher(this.adminServer.path
("/instances"),
                        HttpMethod.POST.toString()),
                    new AntPathRequestMatcher(this.adminServer.path
("/instances/*"),
                        HttpMethod.DELETE.toString()),
                    new AntPathRequestMatcher(this.adminServer.path
("/actuator/**"))
                ))
            .rememberMe((rememberMe) -> rememberMe.key(UUID.randomUUID().
toString()).tokenValiditySeconds(1209600));
        }

        @Override
        protected void configure(AuthenticationManagerBuilder auth)
throws Exception {
```

```
                auth.inMemoryAuthentication().withUser(security. getUser().
getName())
                .password("{noop}" + security.getUser().getPassword()).
roles("USER");
        }
    }
}
```

重启服务端的工程，再次访问 http://localhost:9090/admin，我们将会看到如图 14-8 所示的登录界面。

图 14-8　登录界面

在登录界面输入我们刚刚设置的用户名和密码，进入系统后会发现之前被监控的应用消失了。这是因为在设置密码以后，客户端无法正确连接到服务端，所以，我们还需要给客户端添加一些配置。

在客户端的配置文件中添加服务端的用户名和密码：

```
spring:
...
  boot:
    admin:
      client:
        ...
        # 服务端的用户名和密码
        username: admin
        password:
        123456
```

再次重启客户端，待客户端启动完成后，你会发现应用列表里再次出现了被监控的应用。

14.3 要点回顾

- **Spring Boot** 支持两种部署方式，即 Jar 和 War
- **DevTools** 可以让项目在修改后自动重启，从而节省一些时间
- **Spring Boot** 为我们提供了强大的监控组件 Actuator
- **Spring Boot Admin** 可以将 Actuator 的监控指标通过图形化的方式更直观地呈现出来

第 15 章

你学习技术的"姿势"对吗

在和我的学生及专栏读者的交流过程中,我发现很多人会被一个问题困扰——不知道自己是一直靠技术"吃饭",还是几年后选择改行。每当这个时候,我都会化身"知心姐姐",耐心地倾听他们的种种顾虑。然后,我会为他们端上一碗精心熬制的"鸡汤"。最后,他们满意而归,我也跟着产生一种莫名其妙的成就感。

但现实总是残酷的,慢慢地,我发现这种方式并不能解决他们的问题。因为能量再正,讲多了也只是"安慰剂";"鸡汤"再美味,喝多了也没什么"营养"。要想茁壮成长,还是得吃点"硬菜"。通过观察,我发现这些同学的技术水平普遍较弱。经过进一步分析,限制他们技术成长的一个重要因素是学习技术的"姿势"不对!所以根本问题并不在于他们要不要长期靠技术"吃饭",而是在于他们没有找到一个行之有效的方法,让自身的技术实力跟上时代的发展,从而产生了对自己未来的担忧。毕竟一个收入不错且自己又能做好的职业,谁会愿意放弃呢?

15.1 技术应该怎么学

"姿势不对,啥也白费。"下面我们来看一下,我多年来一直在用,并且效果还不错的一套学习技术的方法论。其实说起来非常简单,就 4 个字:看、用、想、写。

- 看:看官方文档、看技术书籍、看系列教程(视频或文字)、看"大牛"博客等
- 用:动手实践,做 Demo、在工作中应用、自己写项目等
- 想:思考技术之间的联系与不同,思考技术与生活的联系
- 写:将所看、所用、所想写出来

这 4 个步骤并不是孤立的，它们有着紧密的联系，是一个闭环，又是一个螺旋上升的结构，如图 15-1 所示。

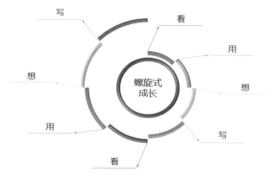

图 15-1　螺旋式成长

"看–用–想–写"是这套体系的一个最小完整单元。多个"看–用–想–写"单元就形成了一个不断迭代改进的螺旋式成长模型。

"看"是知识的输入，可以拓宽我们的知识广度；"用"是知识的应用、练习，可以使我们学到的知识变得更加牢固；"想"是对知识的提炼与总结，也是对知识的升华，用于寻找知识之间的共性与差异；"写"是对知识的进一步沉淀，也是对前面 3 个步骤的效果的一种检验，为下一次迭代提供改进的依据。

这 4 件事做起来没有什么难度，真正困难的是，持续、长期地做这 4 件事。需要多久呢？我认为应该一直伴随你的技术职业生涯。但转念一想，就算你改行做其他工作，如果想要做好，这 4 件事仍然很重要，只不过每件事对应的具体内容不同而已。所以，我们一起来做一个终身成长者吧！

15.2　不怕麻烦

有了方法论，我们还需要一种不怕麻烦的精神。编程是一门手艺，而一个靠手艺"吃饭"的人是不能怕麻烦的。"怕麻烦"是阻碍你做成一件事的最大障碍。每个人的智商都差不多，一个人学习不好、工作业绩差通常都是因为"怕麻烦"，偷懒造成的。仔细留意一下，你就会发现生活中很多的"不幸"，其实就是因为在重要的事情上"怕麻烦"而导致的。麻烦随处可见，如果我们想要做成一件事，就必须不断地解决各种麻烦。

为什么要特别说一下"怕麻烦"这个事呢？因为它就像慢性病，虽然你开始并没有什么感觉，但是等到你意识到问题，就已经为时已晚了。这也是扁鹊在第 4 次看到蔡桓公的时候拔腿就跑的原因。因为扁鹊清楚地知道，蔡桓公已经病入膏肓，自己也无能为力了。所以，做事有耐心、不怕麻烦是成功的前提。

15.3 遇到问题怎么办

我们在打磨自身技术的过程中，会遇到各种各样的问题。那么，当遇到问题时，我们应该该如何解决呢？首先，我们应该遵循一个大的原则——你可以让别人帮助你解决问题，但不能指望别人代替你解决问题。然后，基于这个原则，结合下面几个步骤，可以解决你技术成长之路上的绝大多数问题。

15.3.1 IDE 会帮助你解决问题

目前，各种工具变得越来越智能。对于很多常见的错误，IDE（集成开发环境，如 Intellij IDEA）都可以帮助你检查出来。比如，可能出现的空指针异常、除数为零的异常，再如，下面这个错误，如图 15-2 所示。

图 15-2　Intellij IDEA 错误提示

在 Intellij IDEA 中，当你试图注入一个没有被 Spring 管理的类时，就会出现图 15-2 所示的提示。类似的情况还有很多。使用 Intellij IDEA 并配合一些插件，可以让你尽早排查出代码中的问题。我们要用好自己手中的工具，"君子生非异也，善假于物也"。

15.3.2 错误信息会告诉你怎么解决问题

有些错误无法被 IDE 检查出来，因为它们是运行时才会发生的。不过，我们不用担心，因为这类错误很好解决。如果你看过侦探类的影视作品，那么一定见过类似的情节：当遇到一个非常棘手的案件，大家都毫无头绪，不知从何查起时，主角通常会一边仔细检查案发现场一边跟旁边的人说"犯罪现场里的每一个细节都会告诉我们谁是凶手"。同样地，程序的错误堆栈日志就是程序出错的"案发现场"，它会告诉我们问题出现在哪里。例如：

```
    ...
    Caused by: java.net.SocketTimeoutException: Connect timed out
        at java.base/sun.nio.ch.NioSocketImpl.timedFinishConnect
(NioSocketImpl.java:546)
        at java.base/sun.nio.ch.NioSocketImpl.connect(NioSocketImpl.
java:597)
        at java.base/java.net.SocksSocketImpl.connect(SocksSocketImpl.
java:333)
        at java.base/java.net.Socket.connect(Socket.java:648)
        at  redis.clients.jedis.DefaultJedisSocketFactory.createSocket
(DefaultJedisSocketFact ory.java:53)
        at redis.clients.jedis.Connection.connect(Connection.java:158)
    ...
```

根据报错信息可以很容易地看出，Redis 连接超时了。如果配置没有错误，那么基本上就是因为没有启动 Redis 服务了。接下来只需要启动 Redis 服务，问题就会迎刃而解。利用好错误日志，你将成为一个解决问题的高手。

15.3.3 借助互联网

有些问题比上面那些问题要复杂一些。你仅凭自己可能很难解决这类问题。但幸运的是，你遇到的问题，很可能其他人也遇到过且已经有解决方案了。你可以充分借助网络来解决这类问题，例如，可以查阅官方文档，也可以阅读"大牛"的博客，还可以使用搜索引擎来查找需要的内容。

官方文档肯定是最权威的，如果你所用技术的相关文档比较齐全且更新很及时，就再好不过了。否则，你就需要借助搜索引擎了。在使用搜索引擎时，也有一些技巧。技巧也很简单——空格+专业词汇。我曾经见过有人采用和人交流时的表达习惯来使用搜索引擎。虽然现在的智能分词技术已经很厉害了，但是如果你想更快速、精准地找到想要的结果，建议你使用最简洁的方式和搜索引擎沟通！

当然，搜索引擎也有一些高级用法，比如，必须包含某个关键字、不包含某个关键字、指定结果来源于特定的网站等。使用这些高级用法可以让你的检索更加高效，建议你花费两分钟来研究一下。

有的人可能会说："可以直接查看源码呀！"这也是一个非常好的途径。如果你需要进行学习和研究，那么推荐你通过阅读源码的方式来解决问题；如果你是为了解决工作中遇到的一个问题，那么建议你先使用最快的方式解决，有时间的话再研究细节。毕竟在开发时间有限的情况下，效率应该排在第一位。真正的研究与技术提升都是需要在业余时间完成的。

15.3.4 提问的正确"姿势"

如果你穷尽了所有能做的尝试,仍然不能解决遇到的困难,那么这时你可以向其他人求助了。你可以去技术社区发帖,也可以在技术交流群里直接提问。具体采用哪种形式不重要,重要的是,尽量完整且简洁地描述你的问题。

反面示例如下:

- 有了解多线程的吗?请教一个问题
- 按照教程配置的,但我的出现错误 404 了,为什么呢
- ……

每个人的时间都很宝贵,没有人喜欢用自己宝贵的时间来回答类似上面的这种问题。正面示例如下:

> 软件环境:Windows 10、IDEA 2020.1
> Spring Boot 版本:2.5.6
> 数据库:MySQL 8.0
> 报错信息:Caused by: xxx(完整的错误堆栈信息)
> 其他附加信息:例如,网上有类似错误的解决方案,但是都对你所遇到的问题不生效,可以加以说明,避免重复讨论

> 我把以上这些内容称作"提问者的自我修养"。

15.4 要点回顾

- 技术的学习离不开看、用、想、写,并且需要长期坚持
- "不怕麻烦"是成功的前提
- 别人可以帮助你解决问题,但不能代替你解决问题

附录 A 使用 Docker 配置开发环境

Docker 常用命令

镜像操作

```
# 搜索镜像
docker search <镜像名>
# 例：搜索 MySQL
docker search mysql

# 安装镜像
docker pull <镜像名>
# 例：安装 MySQL
docker pull mysql

# 查看所有镜像
docker images

# 删除镜像
docker rmi <镜像ID>/<镜像名:tag>
# 例：删除 MySQL 镜像
docker rmi mysql
```

> 如果省略 tag 参数，则使用 tag 参数的默认值，一般为 latest。

容器操作

```
# 创建并运行容器
docker run --name <容器名> -p <主机端口>:<容器端口> -d -e <环境变量> <镜像名:tag>
# 例：创建并运行 MySQL 容器
docker run --name mysql -p 3305:3306 -d -e MYSQL_ROOT_PASSWORD=123456 mysql
```

创建容器后，可以对容器进行启动、停止、重启等操作：

```
# 启动容器
docker start <容器ID>/<容器名>
# 例：启动 MySQL 容器
docker start mysql

# 停止容器
docker stop <容器ID>/<容器名>
# 例：停止 MySQL 容器
docker stop mysql

# 重启容器
docker restart <容器ID>/<容器名>
# 例：重启 MySQL 容器
docker restart mysql

# 删除容器
docker rm <容器ID>/<容器名>
# 例：删除 MySQL 容器
docker rm mysql

# 查看正在运行的容器
docker ps

# 查看所有容器
docker ps -a

# 进入容器
docker exec -it <容器ID>/<容器名> bash
# 例：进入 MySQL 容器
docker exec -it mysql bash

# 创建客户端登录容器
docker run -it --rm <镜像名> <连接命令> -h<宿主机IP> <连接参数>
# 例：使用 MySQL 客户端连接 MySQL 容器
docker run -it --rm mysql mysql -h172.17.0.2 -uroot -p
```

安装环境

安装 MySQL

```
# 拉取镜像
docker pull mysql

# 运行
docker run --name mysql -p 3305:3306 -d -e MYSQL_ROOT_PASSWORD=123456 mysql
```

安装 Redis

```
# 拉取镜像
docker pull redis

# 运行
docker run --name redis -p 6379:6379 -d redis
```

安装 RabbitMQ

```
# 拉取镜像
docker pull rabbitmq:management

# 运行
docker run --name rabbitmq -p 5672:5672 -p 15672:15672 -d rabbitmq:management
```

安装 Elasticsearch

```
# 拉取镜像
docker pull elasticsearch:7.14.2

# 运行
docker run -d --name elasticsearch -p 9200:9200 -p 9300:9300 -e "discovery.type=single-node" elasticsearch:7.14.2
```

安装 ik 分词器

```
# 进入容器
docker exec -it elasticsearch bash

# 安装 ik 分词器
./bin/elasticsearch-plugin install https://github.com/medcl/elasticsearch-analysis-ik/releases/download/v7.14.2/elasticsearch-analysis-ik-7.14.2.zip
```

```
# 重启 Elasticsearch
docker restart elasticsearch
```

> 分词字典位置为 config/analysis-ik。

解决中文乱码

```
# 创建 ~/.vimrc 文件
touch ~/.vimrc

# 编辑
vi ~/.vimrc


set fileencodings=utf-8,ucs-bom,gb18030,gbk,gb2312,cp936
set termencoding=utf-8
set encoding=utf-8

# 重启 Elasticsearch
docker restart elasticsearch
```